Eingriffe in das Klimasystem

Wolfgang Osterhage

Eingriffe in das Klimasystem

Geoengineering

Wolfgang Osterhage
Wachtberg-Niederbachem, Deutschland

ISBN 978-3-662-73010-2 ISBN 978-3-662-73011-9 (eBook)
https://doi.org/10.1007/978-3-662-73011-9

Die Deutsche Nationalbibliothek verzeichnet diese Publikation in der Deutschen Nationalbibliografie; detaillierte bibliografische Daten sind im Internet über https://portal.dnb.de abrufbar.

Planung/Lektorat: Caroline Strunz
Springer Spektrum ist ein Imprint der eingetragenen Gesellschaft Springer-Verlag GmbH, DE und ist ein Teil von Springer Nature.
Die Anschrift der Gesellschaft ist: Heidelberger Platz 3, 14197 Berlin, Germany

Wenn Sie dieses Produkt entsorgen, geben Sie das Papier bitte zum Recycling.

„Gott, der Herr, nahm aber den Menschen und setzte ihn in den Garten von Eden, damit er ihn bebaue und hüte."
[Die Heilige Schrift, Einheitsübersetzung, Deutsche Bibelgesellschaft, Stuttgart, 1988]
„If you want to call Mars home, you need to terraform Mars, turn it into Earth."
Neil deGrasse Tyson
[15 März 2021 15:35, UK, Sky News]

Vorwort

Im Rahmen der Klimadiskussion sind Befürchtungen entstanden, dass die bisher eingeleiteten und zukünftig vielleicht noch zu verschärfenden Reduzierungen von so genannten Treibhausgasen möglicherweise nicht ausreichen werden, um die gewünschten Effekte einer Klimastabilisierung zu erreichen. Deshalb werden weitere Maßnahmen vorgeschlagen, die durch ein pro-aktives, massives Eingreifen im Rahmen eines Climate Engineering bzw. Geoengineering das Erdklima nachhaltig verändern sollen.

Das Buch behandelt zunächst den Diskussionstand und geht sodann auf die technischen Vorschläge im Einzelnen ein. Diese Überlegungen basieren zum Teil auf Studien des Bundesministeriums für Bildung und Forschung, von renommierten Forschungseinrichtungen sowie der Bundeswehr (s. Angaben unter „Literatur“). In einem zweiten Teil werden physikalische Grundsatzüberlegungen und Chaostheoretische Gesichtspunkte eingebracht, die die vorgeschlagenen Ansätze unter Risiko-Abwägungen kritisch beleuchten.

Das Buch konsolidiert Vorträge und Vorlesungen an Universitäten und anderen Bildungsinstitutionen sowie vorausgegangene Veröffentlichung zu diesem Thema durch den Autor.

Dank gebührt dem Springer-Verlag, der dieses Buch ermöglicht hat, insbesondere Caroline Strunz und ihrem Team für ihre geduldige Unterstützung des Projekts.

Wachtberg-Niederbachem, Deutschland
Sommer 2025

Wolfgang Osterhage

Prolog

In seinem Buch „Out of Control" berichtet Kevin Kelly, Gründungsredakteur des Computer-Kultmagazins „Wired", über die von Clair Folsome, einem Mikrobiologen auf Hawaii, entwickelten geschlossenen Ökosysteme in Gläsern mit Durchmessern zwischen 10 und 20 cm. Dabei handelt es sich um eine Mischung von Mikroben, Algen und sogar einigen Krabben in Meerwasser, die in einer versiegelten Welt ohne materiellen Austausch mit einer anderen Umgebung sich selbst über mehrere Jahre lebendig erhält. Einzig das Sonnenlicht dringt über die transparenten Wände in dieses System ein. Solche „Ecosphers" kann man käuflich erwerben. Kelly besaß eine solche Mikrowelt. Sie stand auf einem Bücherregal über seinem Schreibtisch in Kalifornien, als sie durch ein Erdbeben herunterfiel und zerstört wurde [1].

In gewisser Weise ähneln diese in sich geschlossenen Welten unserem Ökosystem Erde, das ebenfalls – abgesehen von kosmischem Staub – keinerlei materiellen Austausch nach außen hat und lediglich von Sonnenlicht angestrahlt wird. Leben auf der Erde erhält sich in komplexen Kreisläufen selbst – es sei denn, diese Kreisläufe würden gestört oder massiv verändert. Wissenschaftler warnen, dass klimatische Veränderungen die stabilen Kreisläufe unseres Ökosystems gefährden könnten.

Inhaltsverzeichnis

Abkürzungsverzeichnis

BECCS	BioEnergy with Carbon Capture and Storage
BMFTR	Bundesministerium für Forschung, Technologie und Raumfahrt
CSS	Carbon Capture and Storage
CDR	Carbon Dioxide Removal
CE	Climate Engineering
COP29	29th Conference of the Parties (United Nations Framework Convention on Climate Change)
DACCS	Direct Air Capture with Carbon Storage
ENMOD	Convention on the Prohibition of Military or Any Other Hostile Use of **En**vironmental **Mod**ification Techniques
GGR	Greenhouse Gas Removal
IPCC	Intergovernmental Panel on Climate Change
MCB	Marine Cloud Brightening
NET	Net Zero Climate Change
RCP	Representative Concentration Pathway
RM	Radiation Management
SAI	Stratospheric Aerosol Injection
SRM	Solar Radiation Management
SSP	Shared Socioeconomic Pathway
TRM	Thermal Radiation Management

1 Einleitung

In diesem Buch werden sowohl Grundsatzfragen als auch technische Details zum Themenkomplex Geoengineering abgehandelt. Wir wenden uns zunächst der Ausgangslage zu, die den weiteren Handlungsbedarf bestimmt. Dazu gehören die Standortbestimmung innerhalb der Klimadiskussion selbst, ein kurzer Ausflug in die Wetterkunde, die Methodik von Modellrechnungen und die Problemstellung, die überhaupt zu dem Ansatz des Geoengineering geführt hat.

Es folgt ein geschichtlicher Rückblick auf die Entwicklung von einzelnen Geoengineering-Maßnahmen in drei Phasen bis heute, gefolgt von grundsätzlichen Erörterungen der Geoengineering-Technologien, wozu gehören

- CDR (Carbon Dioxide Removal)
- RM (Radiation Management) mit den Teilaspekten
  - SRM (Solar Radiation Management)
  - TRM (Thermal Radiation Management).

Der fehlende Rechtsrahmen wird thematisiert, ebenso die mangelnde Kostentransparenz und mögliche Konfliktpotenziale, sowie der Stand der öffentlichen Diskussion.

Dann werden die wichtigsten konkreten Geoengineering-Technologien im Einzelnen vorgestellt, deren Entwicklungsstatus und mit ihnen verbundene Risiken sowie Nebenwirkungen insgesamt auf das Ökosystem. Bevor wir zu einer grundsätzlichen Risikobewertung kommen, erfolgt ein Ausflug in physikalisch-mathematische Hintergrundbetrachtungen.

Schließlich wird die gesamte Zielsetzung des Geoengineering noch einmal hinterfragt – auch im Hinblick auf grundsätzliche ethische Vorbehalte.

W. Osterhage, *Eingriffe in das Klimasystem*,
https://doi.org/10.1007/978-3-662-73011-9_1

1.1 Standortbestimmung

Die Probleme und Lösungsansätze, die in diesem Buch diskutiert werden, stehen fraglos in dem größeren Zusammenhang des Themenkomplexes „Klimawandel". Sie sind auch teilweise in Stellungnahmen des IPCC eingeflossen. Obwohl dieser Zusammenhang gegeben ist, soll hier nicht auf die komplexe Debatte über einzelne Aspekte des Klimawandels eingegangen werden, wie etwa Kipp-Punkte oder das genaue Ausmaß menschlichen Einflusses. Insofern ist es notwendig, das Thema Geoengineering oder „Climate Engineering", mit dem pro-aktives, bewusstes Eingreifen des Menschen in das Klima auf der Erde umschrieben ist, in eine entsprechend eingeschränkte Perspektive zu bringen.

Um die allgemeine Diskussion einzuengen, ist es zunächst erforderlich, sich auf einen Konsens zu einigen, auf dessen Basis die weiteren Betrachtungen stattfinden. Dieser Konsens findet sich also im Rahmen der allgemeinen Klimadiskussion, aus der wir folgendes zur Kenntnis nehmen:

Seit einigen Dekaden ist in Wissenschaft und Öffentlichkeit eine breite Diskussion im Gange, die sich mit langfristigen Veränderungen des Erdklimas befasst. Aufgebaut wird diese Diskussion auf weltweite Datenerhebungen, die sowohl aktuelle Messungen als auch – soweit möglich – Vergleichswerte aus der erdgeschichtlichen Vergangenheit einbezieht. Dabei ist zu beachten, dass die Messwerte aus der kurzfristigen Vergangenheit (1–2 Generationen) zwar exakten neuzeitlichen wissenschaftlichen Standards entsprechen, die weit zurückliegenden Vergleichswerte aus andersartigen Umweltkonstellationen herrühren (andere Besiedlungsdichte, nicht-vorhandene oder unsichere Messpunkte), teilweise auf Schätzungen beruhen oder aus Sekundärdaten (Eiskernbohrungen, Pollenanalyse etc.) hergeleitet sind. Auf Basis dieses Datengerüsts sind in unterschiedlichen Forschungseinrichtungen Modellrechnungen entwickelt worden, sowohl für die vergangene Klimaentwicklung als auch für Projektionen in die Zukunft.

Ohne auf die Modellrechnungen im Einzelnen einzugehen – her einige kurze Hintergrundinformationen:

Vielfach werden Wetter und Klima in der Diskussion miteinander vermischt. Das Verhältnis von Wetter zu Klima kann grob so formuliert werden:

$$\text{Klima} = \iint \text{Wetter ds dt},$$

d. h. das Klima bestimmt sich aus dem Doppelintegral von Wetter, eingegrenzt über Orte und Zeiträume; das Erdklima umfasst alle Orte (mit Messpunkten) über einen definierten Zeitraum.

1.1.1 Wetterkunde

Zu den Witterungserscheinungen gehören:

- Winde
- Bewölkung

- Niederschläge
- elektrische Entladungen
- Wärmeverhältnisse
- Sichtverhältnisse.

Alle Witterungserscheinungen spielen sich in der Troposphäre ab, die in Mitteleuropa ungefähr 11 km hoch ist (78 % Stickstoff, 21 % Sauerstoff, 1 % Edelgase, 0,03 % CO_2 und wechselnder Gehalt Wasserdampf).

Die Beobachtungsgrößen, die es uns gestatten, eine Aussage über das Wetter zu machen, sind:

- Luftdruck
- Wind
- Temperatur
- Feuchtigkeit
- Wolken
- Niederschläge
- Sichtverhältnisse.

In Meereshöhe beträgt der Luftdruck 760 Torr oder 1013 mbar. Er nimmt mit der Höhe ab, und zwar in Erdnähe um etwa 1 Torr je 10 m.

Die Abnahme der Temperatur mit steigender Höhe beträgt im Mittel 0,65°/100 m, sodass sie in 10 km Höhe auf – 55 °C absinkt.

1.1.1.1 Sonnenstrahlung und Temperatur

Das Klima und das Wetter werden von der Sonnenstrahlung beeinflusst. Temperatur schafft Ausgleichsströmungen zwischen dem Äquator und dem Pol und zwischen Wasser und Land. Winde entstehen durch den Ausgleich verschieden hohen Luftdrucks an Orten gleicher Höhe. Aus Orten hohen Luftdrucks (Hochdruckgebiete) strömt die Luft in Orte niederen Luftdrucks (Tiefdruckgebiete). Durch ihre Stärke und Richtung beeinflussen die Winde wiederum Temperatur und Niederschläge. Erdumdrehung und Reibung der Luftmassen beeinflussen die Richtung der Winde; deshalb geht der Ausgleich zwischen Hoch und Tief nicht auf dem kürzesten Weg vor sich. Die Luft strömt so aus den Hochdruckgebieten in spiralförmigen Bögen aus und in Tiefdruckgebiete ebenso wieder ein. Auf der nördlichen Halbkugel werden alle Luftströmungen nach rechts abgelenkt (s. Abb. 1.1).

Der Luftfeuchtigkeitsgehalt steigert sich, wenn Luft durch Erwärmung verdunstendes Wasser aufnimmt (die Verdunstung ist über Wasser stärker als über Land; gering ist sie in den Nachtstunden, stark am Mittag). Niederschläge fallen, wenn das einzelne Luftteilchen durch Feuchtigkeit gesättigt ist [2].

Abb. 1.1 Hoch- und Tiefdruckströmungen

1.1.2 Modellrechnungen

Laut Bundesumweltamt (https://www.umweltbundesamt.de/themen/klima-energie/klimafolgen-anpassung/folgen-des-klimawandels/klimamodelle-szenarien) handelt es sich bei den Klima-Modellen in erster Linie um Rechenprogramme, deren Kern letztendlich immer in Treibhausgasszenarien besteht. Das bedeutet, dass andere Faktoren wie z. B. Veränderungen der Sonneneinstrahlung oder der Meeresströmungen nur ergänzend berücksichtigt werden. Die Ergebnisse dieser Berechnungen sind vom Grundsatz nicht auf Eindeutigkeit ausgelegt, sondern dienen in erster Linie einer Risiko-Einschätzung, die als Grundlage für Anpassungsmaßnahmen dient [3].

Solche Szenarien liegen auch den Berichten und Empfehlungen des IPCC zugrunde. Dabei werden Treibhausgas-Emissionen anhand von geschätzten wirtschaftlichen und technologischen Entwicklungen, dem Bevölkerungswachstum und damit im Zusammenhang stehende Ressourcenverbrauch in die Zukunft projiziert.

Neuere Szenarien bedienen sich zweier zusätzlicher Komponenten:

- den Shared Socioeconomic Pathways (SSPs) und
- den Representative Concentration Pathways (RCPs).

SSPs beschreiben mögliche zukünftige sozioökonomische Entwicklungen, und RCPs mögliche Konzentrationspfade atmosphärischer Treibhausgase, wobei mehrere SSPs zu einem konkreten RCP führen können. Auf diese Weise versucht man ein konsistentes Bild menschlichen Einflusses auf das Erdklima zu gewinnen. Zurzeit basieren die unterschiedlichen Modell-Berechnungen auf fünf verschiedenen Pfaden – also fünf verschiedenen Annahmen – bzgl. zukünftiger Entwicklungen.

Die Unsicherheiten, mit denen diese Modellrechnungen behaftet sind, resultieren aus

- der groben globalen Auflösung (100 × 100 km)
- begrenztem Systemwissen (z. B. Dynamik der Wolkenbildung)
- unbekannten Sprüngen in sozioökonomischer Entwicklung bei der Projektion von Ressourcenverbrauch
- begrenzter Rechenkapazität,

sodass sich die Rechenergebnisse innerhalb einer gewissen Bandbreite darstellen.

1.1.3 Ausgangslage

In Summa lässt sich vor diesem Hintergrund eine Klimaveränderung in der jüngeren Vergangenheit konstatieren, die sich zumindest für Teile des Planeten, wenn nicht gar für den gesamten Planeten, nachteilig auswirken kann, wenn dieser Trend auch in der Zukunft anhalten sollte, was zu der aktuellen Diskussion über mögliche Maßnahmen zur Beeinflussung dieses Trends geführt hat. Dabei hat es Klimaveränderungen in der Erdgeschichte immer schon gegeben, teilweise mit dramatischen Folgen für die Natur. Geringfügigere, teilweise lokal begrenzte Klimaschwankungen sind auch aufgetreten, während die menschliche Zivilisation schon bestand. Wir haben es also mit einer Überlagerung von natürlichen Zyklen und zusätzlichen Belastungen aus zivilisatorischen Entwicklungen zu tun. Bei dieser Überlagerung handelt es sich um komplexe Prozesse, deren Simulation die Forschung vor völlig neue Herausforderungen stellt. Diese Gewichtung und wechselseitige Einflussnahme stehen in diesem Buch allerdings nicht im Vordergrund. Die Vorgabe und Basis für die folgenden Betrachtungen ist:

Es gibt einen Klimawandel, und es gibt Überlegungen, ihn bewusst und künstlich zu beeinflussen.

Welches sind die Konsequenzen eines solchen menschlichen Eingriffs? Welche Möglichkeiten stehen zur Verfügung in Theorie und Praxis? Wie sehen die zugehörigen Risiken aus? Welche physikalischen Gesetze und Vorgänge kommen dabei zum Tragen, wenn bestimmte Maßnahmen durchgeführt werden? Und welche ethischen Gesichtspunkte werden dabei berührt? – Diese Gesichtspunkte bilden den Hintergrund für die weiteren Überlegungen.

2 Geschichtliche Entwicklung

Zusammenfassung

Erste Ideen, das Klima zu beeinflussen, entstanden bereits in der Mitte des 19. Jahrhunderts. Bei den Versuchen das Klima zu ändern, kann man nach James R. Fleming vom Colby College in Maine (USA) drei Phasen unterscheiden: Beeinflussung des Wetters zum Nutzen der Landwirtschaft (19. Jahrhundert – ca. 1940), Wetterbeeinflussung durch Einflussnahme auf die Wolkenbildung (ca. 1950 – ca. 1970), bis zur Gegenwart.

Erste Ideen, das Klima zu beeinflussen, entstanden bereits in der Mitte des 19. Jahrhunderts. Bei den Versuchen das Klima zu ändern, kann man nach James R. Fleming vom Colby College in Maine (USA) drei Phasen unterscheiden:

- Phase 1: Beeinflussung des Wetters zum Nutzen der Landwirtschaft (19. Jahrhundert – ca. 1940)
- Phase 2: Wetterbeeinflussung durch Einflussnahme auf die Wolkenbildung (ca. 1950–ca. 1970)
- Phase 3: bis zur Gegenwart [4].

Fleming betrachtet dabei im Wesentlichen Versuche zur Beeinflussung von Wolkenbildung.

W. Osterhage, *Eingriffe in das Klimasystem*,
https://doi.org/10.1007/978-3-662-73011-9_2

2.1 Phase 1

Ein Beispiel für frühe Versuche der Wetterbeeinflussung waren die Ideen des US-amerikanischen Meteorologen James Espy (1785–1860). Espy war einer der ersten Wissenschaftler, die sich in Theorie und praktischen Messungen mit Wetterphänomenen wie der Thermodynamik von Wolkenbildung, Konvektion, Entstehung von Regen usw. befassten. Er baute ein Netz von Wetterstationen auf und gab die ersten Wetterkarten in Amerika heraus. Seine Ansätze zielten darauf, durch Brandrodung großer Waldflächen Regen zu erzeugen. Für diese Vorhaben wurden ihm jedoch die nötigen Mittel nicht gewährt, sodass es bei der Theorie und kleineren von Espy privat finanzierten Experimenten blieb.

In seinem 1871 herausgegebenen Buch „War and the Weather“ gab der US-amerikanische General Edward Powers einen qualitativ neuen Anstoß zur Wetterbeeinflussung. Es handelte sich um den hypothetischen Zusammenhang zwischen intensivem Artilleriebeschuss und anschließender Zunahme von Niederschlägen. Obwohl empirische Beobachtungen die Theorie von Powers nicht bestätigen konnten, wurde Ende des 19ten Jahrhunderts ein Experiment vom Kongress mit 10.000 US$ unterstützt, welches aber weiterhin nur ambivalente Ergebnisse zeitigte.

Ein weiterer Regenmacher aus Phase 1 war der Nähmaschinenverkäufer Charles M. Hatfield (1875–1958) aus Kalifornien. Für seine Experimente entwickelte er eine Flüssigkeit, bestehend aus 22 verschiedenen Substanzen, deren Zusammensetzung er aber bis zu seinem Tode geheim hielt. Um diese Mischung zur Wirkung zu bringen, errichtete er hohe Türme, auf denen er aus Tanks die Flüssigkeit zum Verdampfen brachte und den Dampf dann in die Atmosphäre entließ. Hatfield bot sein Verfahren interessierten Farmern und Kommunen gegen Bezahlung an, meistens verbunden mit einer Erfolgsprämie gemessen an der Höhe des erzeugten Niederschlages. Manchmal hatte er Erfolg, manchmal nicht. Im Jahre 1916 entwickelte sich in San Diego eine Flutkatastrophe, bei der auch Menschen ums Leben kamen, zeitgleich mit Hatfields Wetterexperimenten. Ein Nachweis, dass ursächlich diese Experimente für dieses Extremereignis verantwortlich waren, konnte nicht erbracht werden. Spätere Analysen nach Hatfields Tod ergaben, dass er ein ausgezeichneter Meteorologe war, der sich auf Regenfall-Statistiken verließ und für seine Experimente Zeitfenster mit hoher Regenwahrscheinlichkeit aussuchte.

2.2 Phase 2

Die wesentliche Technologie in dieser Phase war das so genannte Wolkensäen und kommt damit schon in die Nähe heutiger Überlegungen. Pionier auf diesem Gebiet war der amerikanische Meteorologe Vincent Schaefer (1906–1993). Wolkensäen besteht im Einsäen von Eiskristallen in Wolken von Flugzeugen aus. Der Experimentleiter Irving Langmuir (1881–1957), ein amerikanischer Chemiker, war der Überzeugung, dass dadurch massive Wetterbeeinflussung möglich würde, inklusive Umleitung oder Abschwächung von Hurrikanen und die Erzeugung von Schneestürmen. Nebeneffekte waren damals noch nicht bekannt, und später übernahm das

Militär von General Electric die weitere Entwicklung. Verwendet wurden Trockeneis und Silberjodid, wobei relativ kleine Mengen ein großes Energiepotenzial freisetzen konnten. Eine Zeit lang sah das amerikanische Militär darin eine Möglichkeit, Truppenbewegungen auf dem Schlachtfeld zu beeinflussen.

Es gab aber immer wieder Probleme, die gleichen Ergebnisse zu erzielen, wenn die Experimente wiederholt wurden. Außerdem war es schwierig, die erforderlichen Anfangsbedingungen festzulegen. Weitere private Initiativen folgten, und ähnlich wie bei den bereits geschilderten frühen Versuchen, Niederschläge künstlich zu erzeugen, gab es auch bei diesem Verfahren Fehlschläge und Schadenersatzforderungen wegen Flutschäden, obwohl eine eindeutige Zurückführung auf das Wolkensäen als Ursache nicht nachgewiesen werden konnte. Diese Unsicherheiten führten zunächst zu einem Verbot des Climate Engineering als solches in den USA.

Nichtsdestoweniger wurden in den 1950er-Jahren die Experimente im privatwirtschaftlichen Kontext wieder aufgenommen. Der Erfinder und Meteorologe Irving Krick versuchte, im Westen der USA das Wetter durch Wolkenmodifikation zu beeinflussen. Aber auch seine Ergebnisse blieben letztendlich den Beweis schuldig.

Ein erster Höhepunkt der Wetterbeeinflussung über Wolkenmodifikationen wurde in den Jahren 1967–1972 im Rahmen des Vietnamkrieges erreicht. Die USA wollten die Transportmöglichkeiten über den Ho Chi Minh Pfad einschränken – und zwar durch Wetterbeeinflussung. Zu diesem Zwecke führte der Air Weather Service 2600 Flüge durch, bei denen 47.000 Silberjodidgeschosse in Wolken über Südvietnam, Laos und Kambodscha eingesät wurden. Dabei handelte es sich um geheime Aktionen, die der Weltöffentlichkeit zunächst verborgen blieben. Im Jahre 1973 verbot der US-Senat jegliche weitere umweltbezogene Wetterbeeinflussung zur Kriegsführung.

2.3 Phase 3

Die dritte Phase geht nahtlos über zu den Konzepten des modernen Geoengineering, die weiter unten ausführlich betrachtet werden. Im Jahre 2003 gab es dazu einen Bericht des National Research Council unter dem Titel „Crucial Issues in Weather Modification Research“ mit der Schlussfolgerung, dass nach wie vor keine soliden empirischen Grundlagen existieren, die als Beweise für die Wirksamkeit der angewandten Methoden zur Wetterbeeinflussung herangezogen werden könnten. Trotzdem empfiehlt der Bericht, die Forschungen fortzusetzen, um eventuell solche negativen Effekte des Klimawandels wie extreme Dürre zu kompensieren. Auch das Militär zeigt wieder gewachsenes Interesse an diesen Projekten, wie weiter unten noch ausgeführt werden wird.

2.4 Die Geschichte des Carbon Capture

Unter Carbon Capture versteht man im Deutschen die Abscheidung und anschließende Speichrung von CO_2.

Zum ersten Mal wurde CO_2 1972 in Texas unterirdisch gespeichert – allerdings unbeabsichtigt, und zwar um Öl zu pumpen, und um dessen Gewinnung zu erleichtern. Diese Technik wird auch heute noch angewandt.

Ein ähnliches, aber weit fortschrittlicheres System führte zu einem ersten umfassenden Projekt dieser Art im Jahre 1996: das Sleiper Gasfeld in Norwegen. Diese Einrichtung versuchte die Auswirkungen von Emissionen zu reduzieren und CO_2, das aus Erdgas extrahiert wurde, auf dem Boden der Nordsee zu speichern.

Diese Technology ist Teil des Carbon Capture and Storage (CCS) Ansatzes, der weiter unten im Detail diskutiert werden wird. Bereits im Kyoto Protokoll aus dem Jahre 1997 wurde diese Technologie vorgeschlagen als eine Möglichkeit, Emissionen aus lokalen Quellen zu reduzieren – aus den Schornsteinen von Kohle- oder Gaskraftwerken z. B. Seitdem haben viele Firmen und Forscher CO_2- Abscheidungprozesse entwickelt und suchen nach geeigneten geologischen Formationen für die Speicherung von CO_2.

Bis 2008 wurde bspw. in Spanien eines der weltweit umfangreichsten CCS-Programme betrieben. Dann wurde es abgebrochen, doch mittlerweile werden Forderungen von Experten laut, es wieder aufzunehmen [5].

3 Gezielte Eingriffe in das Klimasystem – die dritte Phase

Zusammenfassung

Zwei grundsätzlich verschiedene technologische Ansätze des Climate Engineering werden verfolgt, die jeweils wieder unterschiedliche Maßnahmen umfassen. Wir werden zunächst auf die beiden Gruppen technologischer Ansätze eingehen, um dann die Einzelmaßnahmen weiter unten im Detail zu erläutern. Wir unterscheiden also: Technologien zur ursächlichen Rückführung und Technologien zur symptomatischen Kompensation des Klimawandels.

Wir kommen jetzt zu Punkt 3 der Problemstellung: dem letzten Mittel, wenn die Vorschläge unter 1. und 2. versagen, nämlich tatsächlich pro-aktive Eingriffe in die Klimadynamik vorzunehmen – entweder als zusätzliche Maßnahmen oder anstatt der unter 2. angesprochenen Reduktionsansätze durchzuführen: Geoengineering oder Climate Engineering.

Die Abb. 3.1 ist eine schematische Gesamtdarstellung der Optionen zum Eingreifen in das Klimasystem.

Wie aus Abb. 3.1 ersichtlich, werden zwei grundsätzlich verschiedene technologische Ansätze verfolgt, die jeweils wieder unterschiedliche Maßnahmen umfassen. Wir werden zunächst auf die beiden Gruppen technologischer Ansätze eingehen, um dann die Einzelmaßnahmen weiter unten im Detail zu erläutern. Wir unterscheiden also:

- Technologien zur ursächlichen Rückführung und
- Technologien zur symptomatischen Kompensation des Klimawandels.

W. Osterhage, *Eingriffe in das Klimasystem*,
https://doi.org/10.1007/978-3-662-73011-9_3

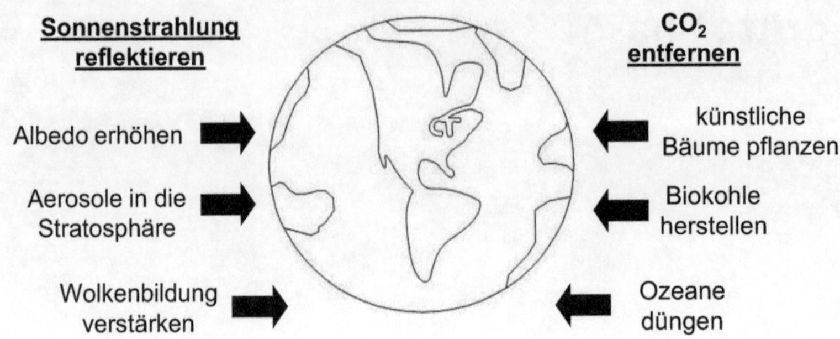

Abb. 3.1 CE Optionen

Im Zusammenhang mit den Grundsatztechnologien ergeben sich folgende Fragestellungen:

- Wie sieht heute der Diskussionstand aus, insbesondere in Deutschland?
- Welche Folgen sind zu erwarten?
- Welche Möglichkeiten der Vorhersagbarkeit gibt es überhaupt?
- Gibt es bereits nennenswerte Feldversuche mit welchen potenziellen Auswirkungen?

Auch diesen Fragestellungen werden wir nachgehen. Die vorzustellenden Ansätze müssen zur Kategorie der Großtechnologien gerechnet werden, und damit werden zwei Problemfelder angeschnitten, die bei allen Großtechnologien relevant sind:

- die Konfliktpotenziale des Geoengineering im Inneren eines Staates oder einer Staatengemeinschaft
- mögliche Konfliktpotenziale auf internationaler Ebene
- die Verteilung der finanziellen Kosten bei der Umsetzung, wenn Maßnahmen ein globales Ausmaß erreichen.

3.1 Technologien zur ursächlichen Rückführung

Wie auch die Technologien zur Kompensation werden diese Maßnahmen im Detail im nachfolgenden Kapitel behandelt. Hier nur ein kurzer Überblick. Der Hauptansatz ist der so genannte CDR-Ansatz. CDR steht für „Carbon Dioxide Removal" – also dem Eliminieren bzw. Entfernen von Kohlendioxid. Dieses Ziel soll erreicht werden durch unterschiedliche

- biologische,
- chemische und
- physikalische Prozesse,

mit deren Hilfe versucht wird, CO_2 von den Ozeanen und der Biosphäre aufnehmen zu lassen. Dazu gehören alle Technologien, die im Rahmen von CCS zur Anwendung kommen sollen. CCS geht also über das reine CDR hinaus, indem nicht nur das CO_2 gebunden und aus der Atmosphäre entfernt werden, sondern anschließend in geeigneter Form einem Speicher zugeführt werden soll, wobei das Ziel die Langzeitspeicherung ist, sodass nicht nach einer kurzen Pufferzeit das CO_2 wieder freikommt, um wieder in die atmosphärische Bilanz einzufließen. Wesentliche Komponenten in diesen Ansätzen sind die so genannten Kohlenstoffpumpen in ihren unterschiedlichen Ausprägungen (biologisch, chemisch, physikalisch; s. u.)

3.2 Technologien zur symptomatischen Kompensation des Klimawandels

Die Technologien zur Kompensation lassen sich unter dem Begriff „Radiation Management" (RM) zusammenfassen. Gemeint ist damit die Einflussnahme auf die Sonneneinstrahlung auf die Erde. Das könnte über zwei Ansätze erreicht werden:

- Solar Radiation Management (SRM)
  - die Reduzierung des kurzwelligen Sonnenlichts
- Thermal Radiation Management (TRM)
  - Erhöhung der Reflexion in der Atmosphäre oder von der Erdoberfläche aus
  - Erhöhung langwelliger thermischer Abstrahlung zurück in den Weltraum

Zum SMR gehören bspw.

- die Reduktion der Einstrahlung durch Spiegel oder Schutzschirme
- die Erhöhung der Reflektion einfallender Sonnenstrahlung durch Wolkenmodifikation und Einflussnahme auf die Albedo.

3.3 Diskussionsstand

Die Technologien, die im Weiteren vorgestellt werden, sind der Fachwelt durch Kongresse und Beiträge in Fachzeitschriften bekannt und werden auf diesen Ebenen diskutiert. Gelegentlich werden punktuell einzelne Ansätze in den Medien vorgestellt, die der Öffentlichkeit zugänglich sind. Die öffentliche Diskussion, aber auch die Fachdiskussion selbst, befindet sich noch in einem frühen Stadium. Weite Teile der Öffentlichkeit sind mit der Thematik überhaupt nicht vertraut. Wenn über Maßnahmen im Zusammenhang mit der Klimaänderung die Rede ist, so geht es im Allgemeinen um die bekannten Einschränkungen der CO_2-Produktion, bzw. um die negativen Folgen bei Nicht-Einhaltung von bestimmten Zielvorgaben. Die eigentliche Geoengineering-Debatte selbst spielt sich unter Experten ab. Zu dessen Stakeholdern gehören bisher Teilnehmer aus:

- der Forschung
- einigen NGOs
- interessierten Unternehmen
- der Politik.

Die Argumentation des Für und Wider von Geoengineering wird dabei allerdings nicht entlang einer Bruchlinie von zwei Lagern mit entgegengesetzten Meinungen geführt. Auch im Lager der Befürworter gibt es differenzierte Sichtweisen. Die wesentlichen Argumente lassen sich wie folgt zusammenfassen:

- Die Folgen des Klimawandels werden heute als gravierender als noch vor einigen Jahren eingeschätzt.
- Internationale Anstrengungen zur Eindämmung des Klimawandels sind ineffektiv.
- Die bisherige Erderwärmung lässt sich nicht kurzfristig umkehren.
- Beim Überschreiten kritischer Werte sind Katastrophen unvermeidbar.
- Climate Change Technologien sind unvermeidbare Notmaßnahmen.

Die Gegenargumente lauten etwa:

- Nebenfolgen von CE-Technologien sind weitestgehend unbekannt, bestehen aber mit Sicherheit.
- Bei nicht-kontinuierlicher Anwendung bestimmter Technologien können Effekte entstehen, die den Klimawandel verstärken.
- Eine komplette Beherrschung des Klimawandels ist auch durch eine Kombination unterschiedlicher CE-Maßnahmen nicht zu erreichen.
- Individuelle Maßnahmen einzelner Staaten können zu Konflikten mit Nachbarländern führen.
- Geoengineering würde zur weiteren Vernachlässigung bisheriger Reduzierungsmaßnahmen von Treibhausgasen führen.
- Geoengineering ist kein rein technisches Problem, sondern reicht weit in gesellschaftliche und ethische Befindlichkeiten hinein.

In der wissenschaftlichen Diskussion überwiegt zurzeit noch die Zahl der Skeptiker. Die Hauptargumentation basiert auf die zu erwartenden Nebenwirkungen und die damit verbundenen Risiken. Nach wie vor wird der Vorzug der Emissionskontrolle gegeben. Allerdings steigt die Zahl der Befürworter angesichts des Fehlens eines konsequenten politischen Willens zur Durchsetzung der Letzteren. Auch hat man erkannt, dass weitere Forschungsanstrengungen erforderlich sind. Gleichzeitig wurde auf die fehlenden Rahmenbedingungen internationalen Rechts hingewiesen.

Die Diskussionen hat mittlerweise auch die IPCC erreicht, die Geoengineering als diskussionswürdig in ihre Berichte aufgenommen hat. Damit ist der Diskurs auf eine gesamtgesellschaftliche Ebene gehoben worden und fordert mittlerweise auch die Politik heraus. Das hat in verschiedenen Ländern zu Strategieansätzen geführt, z. B. in den USA:

- Gutachten für das US-Repräsentantenhaus aus dem Jahre 2010, „Engineering the Climate: Research Needs and Strategies for International Coordination“
- Übersicht über alle Forschungsaktivitäten im Rahmen von CE in US-Bundesinstituten.

Auch in Deutschland hat das BMFT mittlerweile eine Sondierungsstudie über CE angefordert. Eine ausgewählte Gruppe von Fachspezialisten aus unterschiedlichen Wissenschaftsdisziplinen wurde dazu zusammengestellt. Die Fragen die dabei zu beantworten sind, lauten:

- Ist CE bzw. Geoengineering überhaupt eine sinnvolle Option?
- Reicht der heutige Wissensstand aus, konkrete Maßnahmen zu empfehlen?
- Soll die Forschung auf diesem Gebiet weitergeführt werden?
- Welche Regulierungen sind dafür vorzusehen?

Da die Politik davon ausgeht, dass die Diskussion verstärkt auch im öffentlichen Bereich geführt werden wird, soll die Studie über den technologischen Fokus hinaus die gesamtgesellschaftlichen Implikationen in den Blick nehmen.

Der Diskussionsstand lässt sich so zusammenfassen:

Die Forschung beschäftigt sich zum Einen mit allgemeinen Betrachtungen zur Strahlungsbilanz, zum anderen mit der Entwicklung konkreter Technologien. Das bedeutet, dass die erwarteten Wirkungsweisen, deren Effizienz vor dem genannten Ziel und die dadurch resultierenden gesellschaftlichen Auswirkungen – seien es während der Vorbereitungsphase durch Akzeptanzprobleme oder durch klimatische Veränderungen nach dem Einsatz – von den Beteiligten völlig unterschiedlich bewertet werden.

In Deutschland herrscht zurzeit (2026) eine weitgehende Intransparenz, was Planungen und Ziele angeht. Die damit verbundene Unsicherheit, die sich noch nicht hörbar artikuliert, ist möglicherweise konfliktträchtig und birgt in sich ein Potenzial zur Polarisierung. Es ist zu erwarten, dass ein gesamtgesellschaftlicher Konsens eher unwahrscheinlich ist. Auf jeden Fall ist eine komplexe Debatte zu erwarten. Obwohl wir uns diesbezüglich noch im Frühstadium befinden, gibt es bereits Befürworter und Gegner.

Bei den Gegnern spielt unter anderem die Sorge eine Rolle, dass durch die Akzeptanz von CE die aktuell forcierte Emissionskontrolle nicht mehr ernst genommen wird. Deshalb meinen einige Leute, CE durch eine Verschärfung der Emissionskontrolle überflüssig machen zu können. Außerdem bezweifelt man die Wirksamkeit von CE-Maßnahmen und hat Bedenken bezüglich der ökonomischen Effizienz. Man befürchtet zudem hohe Risiken durch unerwünschte Nebenwirkungen (dieses Argument wird weiter unten ausführlicher behandelt). Und schließlich spielen ethische Einwände in der Ablehnung von CE eine wichtige Rolle.

Die Befürworter argumentieren, dass CE auf jeden Fall effizienter sein würde als Emissionskontrolle. Weiterhin wird angeführt, dass die Klimaziele, die sich die Welt gesteckt hat, ohne CE niemals zu erreichen sein werden. Auf jeden Fall sollte man sich CE als Notfalloption vorbehalten, wenn es zu einer Klimakatastrophe kommen würde (Da manche CE-Ansätze aber lange Zeiträume benötigen, bevor sie wirksam werden, erscheint dieses Argument unplausibel).

3.3.1 Folgen und Vorhersagbarkeit

Die erste Frage, die beantwortet werden will, lautet: was soll überhaupt kompensiert werden? Dazu muss man sich die beiden Technologie-Ansätze im Einzelnen ansehen. RM-Technologien ermöglichen theoretisch eine rasche Absenkung der globalen Temperatur, sind allerdings wenig wirkungsvoll was z. B. Niederschlagsverteilungen betrifft. Außerdem müssten sie aus Gründen der Nachhaltigkeit für lange Zeiträume im Einsatz bleiben.

Soll das Ziel aber darin bestehen, den bereits erfahrenen bzw. noch zu erfahrenden Klimawandel zu einem noch zu definierenden Zustand zurückzuführen, so ist das nur erreichbar durch den Einsatz von CDR-Technologien. Dabei ist allerdings keine schnelle Absenkung der globalen Durchschnittstemperatur zu erwarten.

In die Gesamtbetrachtung aller möglichen Szenarien werden grundsätzlich immer alle beteiligten Stoff- und Energieströme einbezogen. Diese Kreisläufe reagieren von Natur aus umso sensibler, je großkalibriger der technologische Einsatz ist. Dazu wird im Abschnitt über die Irreversibilität aller natürlichen Prozesse weiter unten mehr gesagt. So viel vorab:

RM-Technologien greifen in die globale Strahlungsbilanz ein. Noch völlig unbekannt ist dabei die Rückkopplung zum übrigen Erdsystem, genauso wie mögliche Auswirkungen auf die Biosphäre. Rückkopplungen auf biologische Kreisläufe sind ebenfalls denkbar durch CDR-Technologien. Zudem sind durch Letztere ausgelöste meteorologische Nebeneffekte noch unvorhersehbar. Können solche Unsicherheiten durch noch nicht angelaufene Forschungsprojekte – auch in größeren Dimensionen – nicht vor dem tatsächlichen Einsatz dieser Technologien beseitigt werden? Dazu kann man Folgendes anmerken:

Das Erdsystem ist so komplex, dass Erkenntnisse, die auf regionaler Ebene gewonnen werden, keine spezifischen Aussagen über die tatsächlich global zu erwartenden Wirkungen und Nebeneffekte machen können. Schon aus diesem Grunde ist ein Risiko freies CE nicht denkbar. Wir hätten es also mit einer weiteren anthropogenen Qualität bei der Klimagestaltung zu tun. Natürlich macht man sich Gedanken über großflächige Feldversuche. Solche Versuche benötige allerdings – je nach eingebrachter Technologie – lange Beobachtungszeiträume, teilweise bis zu Jahrzehnte. Das damit einhergehende groß angelegte Monitoring muss in der Lage sein, zwischen natürlichen und künstlichen Langzeitwirkungen zu unterscheiden. Dazu müssen insbesondere die natürlichen Klimazyklen genau bekannt sein, was bisher noch nicht der Fall ist. Auf jeden Fall kämen auf die Gesellschaften in den beteiligten Ländern gewaltige Belastungen zu. Die damit einhergehenden Diskussionen wären vergleichbar mit denen über Kernenergie oder Gentechnik.

3.4 Rechtsrahmen

Der laufende Diskurs über Geoengineering und CE-Maßnahmen hat allen Beteiligten aufgezeigt, dass sozusagen im rechtsfreien Raum diskutiert wird: weder für konkrete Forschungsvorhaben noch für den möglichen Einsatz gibt es einen verbindlichen Rechtsrahmen weder im nationalen noch im internationalen Recht. Alle Beteiligten gehen davon aus, dass solche Maßnahmen – auch im Rahmen von Forschungsvorhaben – das Potenzial haben, massiv auf die lokale, wenn nicht gar – wie gewünscht – auf die globale Umwelt haben, wobei neben den erhofften positiven Effekten auf jeden Fall mit unerwünschten Nebenwirkungen zu rechnen ist.

Bei den angedachten Maßnahmen handelt es sich um grenzüberschreitende Vorhaben. Solche können zwar von Einzelstaaten eingesetzt werden, haben aber unmittelbare Auswirkungen auf andere Staaten. Das impliziert sofort die Anwendung des Völkerrechts. Dort findet man allerdings keine Bezugsgrößen. Weder sind verbindliche Normen entwickelt worden, noch Regulierungsansätze, noch gibt es überhaupt eine allgemein akzeptierte Definition von CE. Das bedeutet, dass umfangreiche Vertragswerke erst noch geschaffen werden müssen. Völkerrechtliche Abkommen über den Einsatz von CE sind nach wie vor nicht vorhanden, die Anwendbarkeit auf diesen Komplex von internationalen Abkommen aus anderen wissenschaftlichen, militärischen oder politischen Bereichen ist zweifelhaft. Es gibt lediglich das Umweltkriegsabkommen ENMOD, das die Modifikation der Natur zu militärischen Zwecken verbietet. Allerdings umfasst es in keiner Weise den Gesamtkomplex Geoengineering. Für das Teilgebiet der Eisendüngung von Ozeanen (s. u.) gibt es Vorschläge im Rahmen der London Convention, diese Maßnahmen lediglich im Bereich der Forschung zuzulassen. Die Parteien der internationalen Klimarahmenkonvention haben sich allerdings noch nicht zur Verbindlichkeit solcher Richtlinien geäußert.

Auch die Tatsache, dass die Finanzierung von Forschungsvorhaben in vielen Ländern unkoordiniert und teilweise privatwirtschaftlich geleistet wird, zeigt, dass es auch auf diesem Gebiet an Regulierungsinstrumentarien fehlt.

Einzelne Länder haben deshalb begonnen, über Richtlinien nachzudenken, die sukzessive in Gesetzesvorhaben einfließen sollen. So wurde z. B. vom britischen Parlament einerseits ein Gutachten durch das Science and Technology Committee über das Erfordernis internationaler Gesetzgebung in Auftrag gegeben und andererseits bereits die so genannten Oxford Principles formuliert, die die Forschungsarbeiten auf diesem Gebiet steuern sollen. Diese Prinzipien wurden auch auf einer Climate Engineering Konferenz im Asilomar-Konferenzzentrum in Pacific Grove, Kalifornien im Jahre 2010 von den dort versammelten Wissenschaftlern als Grundlage anerkannt, um daraus einen freiwilligen Verhaltenskodex zu entwickeln. Hintergrund sind Bemühungen, die Forschung auf die Ebene internationaler Kooperation zu heben und die Öffentlichkeit einzubeziehen. Man war sich bei dieser Konferenz im Klaren darüber, dass ein Einsatz von CE-Methoden nur im Rahmen eines dann vorhandenen internationalen Rechtsrahmens geschehen kann.

3.4.1 Konfliktpotenzial

Kaum begann man das Nachdenken über CE, gingen bereits Überlegungen in eine ganz andere Richtung – das übliche dual use Potenzial: kann man CE-Technologien auch militärisch einsetzen? Die Idee der Klima-Waffe war geboren. Dazu hat die

Bundeswehr im Jahre 2012 erste Machbarkeitsanalysen durchgeführt [6]. Die Militärs sind zu folgenden vorläufigen Ergebnissen gekommen:

Der Einsatz einer Klima-Waffe ist nicht völlig unwahrscheinlich, insbesondere, wenn man glaubt, im Gefechtsfeld lokal begrenzte Wettermodifikationen zu erreichen, die dem Gegner nachteilig sein könnten. Gleichzeitig wird jedoch der militärische Nutzen als vernachlässigbar eingestuft. Außerdem ist, wie bereits oben angedeutet, eine regionale Begrenzung schwierig bis unmöglich und militärisch kaum gezielt steuerbar

Da es sich beim Einsatz einer Klima-Waffe um einen Bruch des Völkerrechts handeln würde, sind die einhergehenden politischen Kosten hoch, sodass gesellschaftliche Proteste unausweichlich sein würden, und eigentlich nur irrationale nicht-staatliche Akteure potentiell infrage kommen. Da heutzutage viele internationale Konflikte von Letzteren bestimmt werden, ist eine solche Gefahr doch nicht zu unterschätzen.

Die Studie geht jedoch weiter, indem sie neben direkter militärischer Anwendung allgemeine Konfliktpotenziale im Zusammenhang mit Geoengineering und die mögliche Rolle von Streitkräften in Konfliktsituationen beleuchtet. Auch dort sieht die Studie kaum Handlungsbedarf, obwohl bei deren Entstehen durch den Einsatz von Geoengineering-Maßnahmen ein Streitkräfteeinsatz nicht völlig ausgeschlossen werden kann. Das betrifft auch z. B. den Schutz von Infrastruktur im Rahmen solcher Maßnahmen.

Es wird nicht ausgeschlossen, dass Staaten oder Staatenbündnisse Geoengineering-Vorhaben gegen den ausdrücklichen Willen anderer Staaten oder Staatengemeinschaften durchsetzen möchten, was zu militärischen Konflikten führen könnte. Zu solchen Szenarien gehören auch durch Geoengineering ausgelöste katastrophale Nebenfolgen.

3.4.2 Institutionelle Einbindung

Aus dem oben Gesagten geht hervor, dass internationale Kooperation auf dem Gebiet des CE unabdingbar ist. Dazu gehört die Koordination von Forschungsvorhaben (allein schon aus Kostengründen), aber auch eine unabhängige Kontrollinstanz. Eine erste Aufgabe wäre die Verabschiedung von verbindlichen Richtlinien. Sinnvoll wäre auch ein Projekt, welches die bereits laufenden und vielleicht noch zusätzlich vereinbarten Maßnahmen bzw. Ergebnisse der Emissionskontrolle mit denen des CE-Einsatzes abgleicht. Und schließlich müssten Ausstiegsmodalitäten geklärt werden.

Das Gesagte gilt bereits für Feldforschungsaktivitäten – sei es in der Atmosphäre oder in den Meeren. Theoretische Ansätze zu Forschungsvorhaben sind dabei ausgenommen – ebenso Modellierungen oder Laborversuche. Bisher sind einige Technologien in begrenztem Umfang aber bereits getestet worden. Dazu gehören DACCS (Direct Air Capture with Carbon Storage) oder BECCS (BioEnergy with Carbon Capture and Storage). Geplant sind SRM-Maßnahmen in Nordamerika.

Es gibt ein Maßnahmenfeld, auf dem völkerrechtlich verbindliche Kontrollen vereinbart wurden: Meeresdüngung. Was sich genau dahinter verbirgt wird weiter unten erläutert. Ansonsten wird angestrebt, dass grenzüberschreitende Geoengineering-Maßnahmen zunächst grundsätzlich verboten werden, und lediglich Ausnahmeregelungen in Kraft treten. Was die Meeresdüngung betrifft, so sind kommerzielle Maßnahmen verboten. Staatlich geförderte Maßnahmen müssen mit den Vertragspartnern vor dem Einsatz abgestimmt und grenzüberschreitende Risiken ausgeschlossen werden. Im Jahre 2013 haben 43 Staaten eine solche Vereinbarung, basierend auf der so genannte London Convention von 2008 (s. o.), unterzeichnet. In dieser Vereinbarung werden auch die erforderlichen Prüfungskriterien genannt, die die Umweltverträglichkeit von den zugehörigen Experimenten bewerten sollen und rein wirtschaftliche Aspekte ausschließen („Assessment Framework"). Aufgrund dieser Vereinbarung hat Deutschland im Jahre 2018 die entsprechenden nationalen Gesetze angepasst [7].

3.5 Kosten

Der heutige Wissensstand bzgl. Kosten ist rudimentär. Konkret liegen lediglich Schätzungen über mögliche Betriebskosten der einzelnen vorgesehenen Technologien vor. Aufwendungen für getätigte oder laufende Forschungsvorhaben sind natürlich bekannt, allerdings gibt es keine verlässlichen Aussagen über Großforschungsprojekte, die notwendig wären, falls man den CE-Weg tatsächlich gehen möchte. Insbesondere sind keine Anhaltspunkte für Folgekosten aus Nebenwirkungen oder für kompensatorische Maßnahmen bekannt. CE-Maßnahmen werden mit Sicherheit Auswirkungen auf die Wirtschaftssysteme einzelner Regionen und Länder haben. Die gesamtwirtschaftlichen Effekte über längere Zeiträume sind noch nicht absehbar.

Wie auch immer letztendlich eine genauere Bezifferung aussehen wird, bleibt dennoch das Problem zu lösen, wer die Kosten tragen wird. Welche Rolle spielt dabei z. B. der private Sektor neben Forschungseinrichtungen, die aus öffentlichen Mitteln finanziert werden. Könnte CE also auch kommerziell getrieben werden? Denkbar ist, dass sich daraus neben staatlichen Vorhaben eine gewisse Eigendynamik entwickelt, die auch von wirtschaftlichen Kriterien gesteuert wird. Voraussetzungen dafür, dass rein kommerzielle Interessen nicht die Überhand gewinnen, sind

- staatliche Anreize
- ordnungsrechtliche Vorgaben

Eine Gegensteuerung – falls erforderlich – könnte durch geeignete Wettbewerbskontrollen erfolgen.

Was die Forschungsvorhaben angeht, so zeichnen sich erste Strukturen in den angelsächsischen Ländern ab. Im öffentlichen Bereich finanzieren die National Science Foundation in den USA und das Natural Science and Engineering Research

Council in Kanada solche Vorhaben. Daneben existiert eine Reihe von privaten Initiativen, wie der Climate Response Fund und der Fund for Innovative Climate and Energy Research von Bill Gates. Dazu gehören auch Carbon War Room und Cquestrate.

Das Ziel von Carbon War Room, gegründet im Jahre 2009 durch Sir Richard Branson, ist die Beschleunigung von industriellen Lösungen im privaten Sektor, um eine Low-Carbon-Wirtschaft voranzubringen. Carbon War Room engagiert sich dazu in der Schifffahrt, in der Bauwirtschaft, der Luftfahrt und weiteren Sektoren mit der Absicht, Kapitalfluss auf Low-Carbon-Lösungen hinzuleiten. Im Jahre 2014 schloss sich Carbon War Rooms dem Rocky Mountain Institute an.

Cquestrate unterstützt ein konkretes Projekt, um CO_2 im Ozean zu binden. Dabei wird Kalkstein zu nächst erhitzt und dadurch Kalk von CO_2 separiert. Der Kalk soll sodann in Seewasser eingebracht werden, wo er mit dem dort gelösten CO_2 reagiert und auf diese Weise die doppelte Menge CO_2 absorbiert als durch den vorangegangenen Separationsprozess freigesetzt wurde. Ein Hauptsponsor von Cquestrate ist Shell, aber die Initiative arbeitet auch mit der Universität von Oxford, dem Plymouth Marine Laboratory, dem University College London und AEA Technology, einem Beratungsunternehmen für Energie und Klimawandel, zusammen.

3.6 Ansätze

Die Frage, die sich stellt, lautet: Emissionskontrolle oder CE bzw. Geoengineering oder beides? Hierbei gehen die Meinungen bereits jetzt auseinander. Einige Experten befürchten, dass mit CE die Emissionskontrolle zurück gehen wird. Eines der Argumente wären wiederum die Kosten. Dabei wird ohne ausreichende Grundlage angenommen, dass Emissionskontrolle teurer ist als CE-Maßnahmen. Wegen der oben geschilderten Kostenunsicherheit bleibt dieses im Bereich der reinen Spekulation.

Ein Ausweg aus der Kostenfalle wäre die Antwort auf die Frage: Könnte CE kommerziell getrieben werden? Damit würde das Kostenrisiko zumindest teilweise von den Etats beteiligter Länder weggerückt und auf den privaten Sektor verlagert. In einem kommerziellen Kontext besteht allerdings die Gefahr, dass sich eine Eigendynamik entwickelt, die entsprechend auch von kommerziellen Kriterien gesteuert würde. Deshalb wären neben eventuell zu entwickelnden staatlichen Anreizen auch ordnungsrechtliche Vorgaben und zur Gegensteuerung, Wettbewerbskontrollen etc. erforderlich.

Insgesamt scheint die Richtung auf einen integrierten Ansatz hinzulaufen. Neben Climate Engineering würde Emissionskontrolle beibehalten. Einbezogen werden müssten dann u. a. auch sonstige menschliche Einflüsse, wie

- Bodennutzung
- Landwirtschaft
- Oberflächenveränderungen.

Angestoßen werden muss ein intensiver akademischer Diskurs unter Einbeziehung der potenziellen Forschungseinrichtungen. Ein solcher Diskurs müsste sich gesamtgesellschaftlich ausdehnen und dabei die Dimensionen

- sozial
- ökologisch
- wirtschaftlich

zu einem klimapolitischen Gesamtkonzept einbeziehen. Die technischen und gesellschaftlich relevanten Fragen, die beantwortet werden müssen lauten [8]:

- Welche Rolle spielen Risikobewertungen im Hinblick auf die Planung von CE Feldexperimenten?
- Welche Rolle spielt der private Sektor bei der Beeinflussung von öffentlicher Wahrnehmung von CE Feldexperimenten?
- Welche Rolle spielen Vertrauen und Beteiligung der Öffentlichkeit für die Beeinflussung der öffentlichen Wahrnehmung von CE Feldexperimenten?
- Welche Rolle spielen Regierungen im Rahmen von CE Feldexperimenten?

Es wurden Gründe angeführt, warum unterschiedliche Konfliktszenarien während der Andauer von CE-Aktivitäten auftreten könnten. Man unterscheidet:

- Konkurrenzkampf um knappe Ressourcen
- Widerstand gegen Auswirkungen und Risiken
- Konflikte über die Verteilung von Nutzen, Kosten und Risiken
- komplexe Sicherheitsprobleme auf unterschiedlichen Ebenen
- Machtkämpfe über Klimakontrolle.

Nicht nur der zukünftige Einsatz, auch die Forschung an CE-Ansätzen ist umstritten. Hier die Hauptargumente für die Fortsetzung von CE-Forschung:

- Informationssammlung
- Wissensvermittlung
- zukünftige Einsatzbereitschaft
- Vermeidung voreiligen Einsatzes
- Ausschluss bestimmter Vorschläge
- nationale Bereitschaft
- Freiheit der Wissenschaft.

Zu den Argumenten, die dagegen sprechen, gehören:

- moralische Vorbehalte
- Verschwendung von Forschungsgeldern
- Dammbruchargument
- Sorge über die Auswirkungen großflächiger Feld-Experimente
- allgemeine Skepsis gegen jede Art von Forschung [8].

3.7 Öffentlichkeit

Bis vor einigen Jahren waren die Themen Geoengineering bzw. Climate Engineering in der Öffentlichkeit kaum bekannt. Das hat sich mittlerweile geändert. und die Diskussion nimmt Fahrt auf. Bereits jetzt gibt es Befürworter und Gegner. Dabei spielen zwei Hauptargumente eine wichtige Rolle:

- die Sorge, dass mit zunehmender Akzeptanz von CE, Emissionskontrolle weniger ernst genommen wird
- Emissionskontrolle soll verstärkt werden, um CE unnötig zu machen.

Die Zahl der Gegner wächst. So findet man auf der Homepage der Heinrich Böll Stiftung etwa einen Artikel mit dem Titel:

> **„Solares Geoengineering verbieten"**

mit der Hintergrundinformation:

> „Viele Wissenschaftler und Expert warnen davor, dass das umstrittene solare Geoengineering CO_2-Emittenten einen Vorwand liefert, nicht aus fossilen Brennstoffen auszusteigen. Es einzusetzen wäre ein schwerwiegender Verrat an der heutigen Jugend und an künftigen Generationen."

Ein weiterer Beitrag lautet:

> **„UN-Klimaverhandlungen könnten die in der Biodiversitätskonvention geforderte Vorsorge gegen Geoengineering untergraben"**

In der Analyse heißt es:

> „Artikel 6 des Pariser Abkommens wird der riskanten großmaßstäblichen Kohlendioxid-Entfernung (CDR) Vorschub leisten und die wichtige Vorsorgearbeit in anderen UN-Foren untergraben, wenn es bei der COP29 grünes Licht gibt."

Oder:

> **„UN-Wissenschaftsgipfel: Länder fordern den Verzicht auf solares Geoengineering"**

mit dem Kommentar:

> „Die jüngsten Entwicklungen auf der 79. Generalversammlung der Vereinten Nationen und dem dazugehörigen Wissenschafts-Gipfel signalisieren ein wachsendes politisches Interesse, die Entwicklung und den möglichen Einsatz des solaren Geoengineering klar zu beschränken." [9]

Auf der Webseite des „Klimareporter" kann man lesen:

> „Die Geoengineering-Ansätze waren von Anfang an umstritten – einerseits wegen möglicher Nebenwirkungen mit hohem Schadenspotenzial, andererseits, weil Kritiker befürchten, dass sie Regierungen dazu bringen könnten, die CO_2-Reduzierung mit noch weniger Nachdruck als bisher zu verfolgen." [10]

Auf der Webseite von „Klimafakten“ findet sich folgender Eintrag:

„Fakt ist: ‚Geo-Engineering‘ ist keine Alternative zu Emissionsminderungen. Es ist noch kaum erforscht, wäre relativ teuer und hätte erhebliche Nebenwirkungen

In Öffentlichkeit und Wissenschaft werden etliche Ideen diskutiert, wie der Mensch großtechnisch ins Klimasystem der Erde eingreifen könnte. Ein Ansatz ist, menschengemachte Treibhausgase wieder aus der Atmosphäre zu filtern; ein anderer, die Sonnenstrahlung zu dämpfen, damit sich die Erde weniger aufheizt. Doch keine der diskutierten Technologien ist in absehbarer Zeit in dem Maßstab einsetzbar, wie es für ein deutliches Begrenzen des Klimawandels nötig wäre. Zugleich liegen die Kosten relativ hoch. Und die Risiken sind kaum absehbar, zum Beispiel könnten sich weltweit Wetter- und Niederschlagsmuster verschieben“ [11].

Auch die Max-Planck-Gesellschaft beteiligt sich mittlerweile an der Diskussion. In dem Artikel:

„Riskante Kühlung“

vom 11. März 2021 wird folgendes Fazit gezogen:

- „Fazit: Geo- beziehungsweise Climate-Engineering gilt als eine Möglichkeit, den menschengemachten Klimawandel aufzuhalten, sei es durch Aufforstung, die unterirdische Speicherung von Kohlendioxid, Eisendüngung des Meeres oder die Verschattung der Erde mit Sulfatpartikeln, die aus Schwefeldioxid entstehen.
- Modellrechnungen zufolge ließe sich die globale Durchschnittstemperatur ohne Reduktion der Treibhausgasemissionen auf dem Niveau von 2020 halten, wenn jährlich fünfbis achtmal so viel Schwefeldioxid in die Atmosphäre gebracht würde wie 1991 beim Ausbruch des Vulkans Pinatubo frei wurde.
- Der geringere Energieeintrag von der Sonne würde den Rechnungen zufolge große Luftströmungen etwa in den Tropen stören, mit unabsehbaren Folgen für das globale Klima. Die Aerosole, die sich aus Schwefeldioxid bilden, dürften im globalen Mittel zudem die Niederschlagsmenge reduzieren. Das könnte auch Konflikte zwischen Staaten auslösen, die das Gas eigenmächtig freisetzen beziehungsweise unter einer Abnahme des Niederschlags leiden“ [12].

3.8 Irreversibilität

Argumente für oder gegen Geoengineering drehen sich auch um den physikalischen Begriff der Irreversibilität der Ergebnisse von Geoengineering- Maßnahmen – insbesondere, wenn während eines angestoßenen Prozesses die Erkenntnis wächst, dass

- entweder die Maßnahme nicht zum erwarteten Erfolg führt
- oder die Maßnahme nicht hinnehmbare Umweltschäden verursacht.

Eine Behauptung der Befürworter lautet:

> Bei gleitendem Ausstieg aus Geoengineering-Szenarien bleibt kein nennenswerter Schaden zurück.

Dem gegenüber stehen die Erkenntnisse:

- Jeder Eingriff in das Erdsystem ist irreversibel (dazu mehr in Kap. 5).
- In bestimmten Fällen kann das zu Katastrophen führen, die
  - irreparabel
  - schwerwiegender als der bisherige Klimawandel sind.

3.9 Integrierter Ansatz

Um die Debatte zu entschärfen wäre ein integrierter Ansatz erforderlich, der aber momentan nicht in Sichtweite ist. Dazu gehören alle Aspekte

- des Climate Engineering
- der Emissionskontrolle
- sonstiger menschliche Einflüsse, wie
  - Bodennutzung
  - Landwirtschaft
  - Oberflächenveränderungen

Um einen weitestgehenden Konsens zu erreichen bedarf es national und international:

- eines entsprechenden akademischen Diskurses
- strukturierter und koordinierter Forschungsvorhaben
- eines breit angelegten, fachlich kompetenten gesellschaftlichen Diskurses
- einer Analyse der sozialen Dimension
- einer Analyse der ökologische Dimension
- der Einbeziehung der wirtschaftliche Dimension; und schließlich
- eines klimapolitischen Gesamtkonzeptes

Konkrete technologische Maßnahmen

4

Zusammenfassung

Wie kann man nun die Strahlungsbilanz beeinflussen? Dafür sind grundsätzlich drei Ansätze denkbar: die Verringerung der Solarkonstante, die Erhöhung der Albedo oder die Erhöhung der Thermischen Ausstrahlung des Erdsystems Fl. Und daraus ergeben sich dann die beiden Methodenklassen, die dikutiert werden: Solar Radiation Management (SRM), Thermal Radiation Management (TRM).

4.1 Ausgangspunkt

Die Energiebilanz des Erdsystems wird bestimmt durch zwei Größen:

- der Solarkonstante S: einfallende kurzwellige Strahlung; dazu steht im Wetter- und Klimalexikon des Deutschen Wetterdienstes:

  Die Solarkonstante ist die Strahlungsleistung pro Quadratmeter (m^2) bezogen auf eine Empfängerfläche senkrecht zur einfallenden Strahlung am „oberen Rand“ der Atmosphäre. Die Solarkonstante beträgt 1361 W/m^2.

  Die Erde empfängt diese Strahlungsleistung mit ihrem Querschnitt. Da sich die Erde dreht, verteilt sich die Strahlungsleistung auf die Kugeloberfläche. Das Verhältnis von der Oberfläche zur Querschnittsfläche einer Kugel beträgt 4 zu 1. Somit steht pro Quadratmeter Erdkugeloberfläche im Mittel nur ein Viertel der Solarkonstanten zur Verfügung, das heißt ca. 342 W/m^2 [13].

W. Osterhage, *Eingriffe in das Klimasystem*,
https://doi.org/10.1007/978-3-662-73011-9_4

- der Albedo A: Gesamtreflektion von Sonnenstrahlung durch das Erdsystem (30 %), sodass unterschieden wird zwischen
  - kurzwelligem Strahlungsfluss: $F_k = S(1-A)$ und
  - von der Erde abgestrahltem langwelligem Strahlungsfluss: F_l

Bei $F_k=F_l$ herrscht Gleichgewicht, d. h. was an Strahlungsenergie einfällt wird ebenso wieder reflektiert, sodass keine Resterwärmung aufgrund dieser Natureinflüsse zu erwarten wäre.

4.2 Möglichkeiten der Beeinflussung durch RM-Maßnahmen

Wie kann man nun die Strahlungsbilanz beeinflussen? Dafür sind grundsätzlich drei Ansätze denkbar:

- die Verringerung der Solarkonstante oder
- Erhöhung der Albedo
- Erhöhung der thermischen Ausstrahlung des Erdsystems F_l

Und daraus ergeben sich dann die beiden Methodenklassen, die diskutiert werden:

- Solar Radiation Management (SRM)
- Thermal Radiation Management (TRM).

SRM soll den Strahlungshaushalt der Erde dahingehend beeinflussen, dass die aufgenommene Sonneneinstrahlung durch Reflektion verringert wird, sodass die Erde sich weniger aufwärmt. TRM hingegen soll die thermische Abstrahlung erhöhen. Die Tab. 4.1 gibt einen Überblick über die in diesem Zusammenhang denkbaren CE-Maßnahmen.

4.2.1 SRM-Methoden

Hierbei werden grundsätzlich unterschieden:

- Maßnahmen zur Reduktion der Einstrahlung
- Maßnahmen zur Modifikation der Albedo.

4.2.1.1 Reduktion der Einstrahlung

Um die Reduktion der Einstrahlung auf die Erde zu erreichen, werden folgende Ansätze diskutiert:

Tab. 4.1 Überblick CE-Maßnahmen

SRM	Einstrahlungsverringerung	Maßnahmen im Weltall
	Erhöhung der Sonnenstrahlungsreflexion	Veränderung der Erdoberfläche
		Beeinflussung mariner Schichtwolken
		Beeinflussung der Stratosphäre
TRM	Erhöhung der Ausstrahlung	Beeinflussung von Zirruswolken
CDR-Maßnahmen		physikalisch
		chemisch
		biologisch

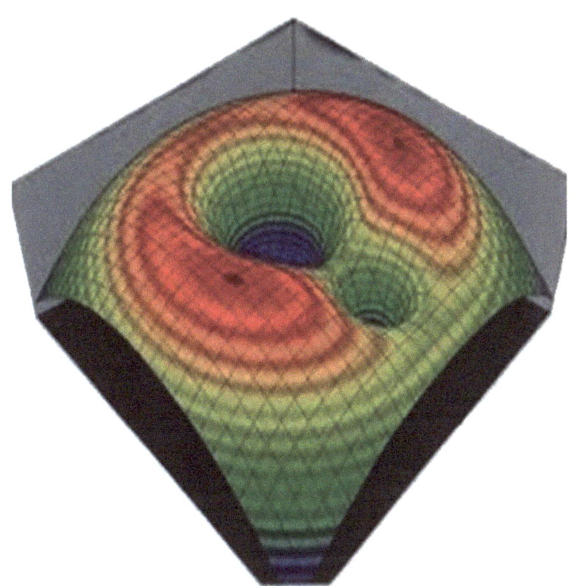

Abb. 4.1 Lagrange-Punkt und Schwerefelder

- Installation von Millionen von Spiegeln am Lagrange-Punkt L_1 zwischen Sonnen und Erde (1,6 Mio. km entfernt) über mehrere Jahrzehnte. Die Lagrange-Punkte sind die Stellen zwischen zwei Himmelskörpern, an dem sich Erd- und Sonnenanziehung quasi aufheben, bzw. an denen ein dritter Körper, bspw. ein Satellit, sich schwere- und antriebslos aufhalten kann. Zwischen Erde und Sonne gibt es drei Lagrange-Punkte, bei den sich L_1 für die genannten Zwecke am besten eignet. (s. Abb. 4.1 und 4.2). Diese Maßnahme würde zu einer spiegelnden Wolke von 100.000-mal 13.000 km^2 führen.
- Installation von reflektierenden Schirmen auf der Erdumlaufbahn (s. Abb. 4.3)
- Erzeugung einer feinen Staubschicht mit einer Gesamtmasse eines mittleren Asteroiden im erdnahen Bereich (s. Abb. 4.4).

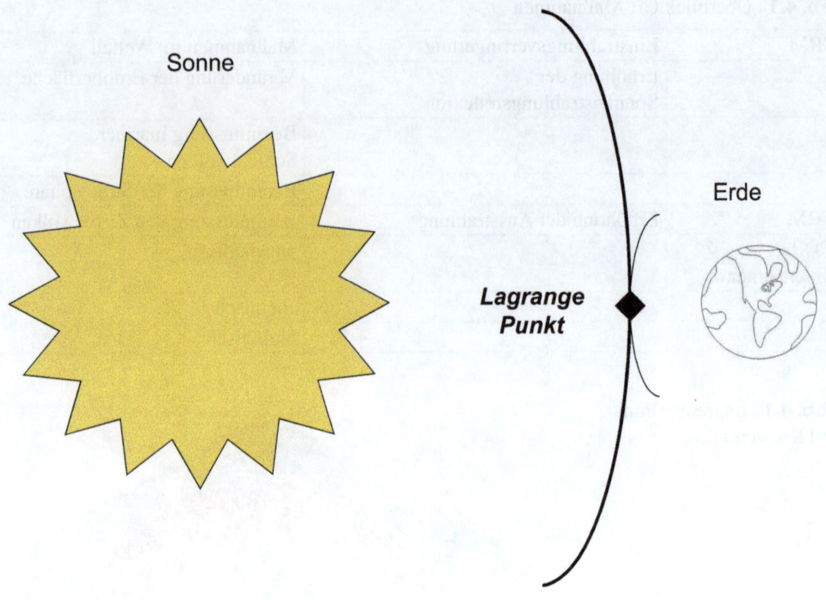

Abb. 4.2 Lagrange-Punkt Erde-Sonne

Abb. 4.3 Schirme in Erdumlaufbahn

Für all diese Maßnahmen gibt es Modellrechnungen, die jedoch die unterschiedlichsten Effekte in allen Richtungen aufweisen – je nach Wahl der zur Verfügung stehenden Parameter.

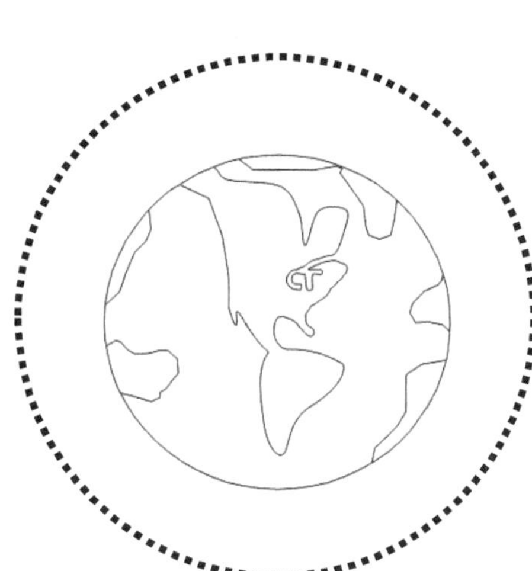

Abb. 4.4 Staub in Erdumlaufbahn

Der Forschungsstand ist – mit Ausnahme von theoretischen Grundsatzüberlegungen – rudimentär. Praktische Versuche sind noch nicht erfolgt – auch nicht auf Laborniveau. Offene Punkte:

- Lebensdauer der Installationen
- Kosten
  - Entwicklung der Installation selbst
  - Transportmodule
  - Trägersysteme

Weitere Unsicherheiten betreffen

- die Verteilung der Sonneneinstrahlung an sich
- die Auswirkungen auf Atmosphäre und Ozeane
- Kontrolle nach Installation.

4.2.1.2 Erhöhung der Albedo

Alternativ (oder in Kombination?) dazu stehen Ansätze zur Erhöhung der Albedo, d. h. der Reflektion von einfallendem Sonnenlicht. Das soll z. B. durch gezielte Oberflächenänderungen oder Modifikation der Atmosphäre erreicht werden. Die Tab. 4.2 zeigt einige gängige Albedo-Werte.

Die Erhöhung der Albedo könnte durch unterschiedliche Maßnahmen erreicht werden.

Tab. 4.2 Albedo-Werte in [%]

Schnee	80–90
Wolken	60–90
Wüste	30
Ackerflächen	26
Wald	5–18
Wasser	3–22

Erhöhung der Albedo durch Modifikation der Stratosphäre

Dazu werden zwei unterschiedliche Methoden vorgeschlagen:

- Einbringen von Schwefeldioxid oder Schwefelwasserstoff in die Stratosphäre (SAI: Stratospheric Aerosol Injection) in 20 km Höhe
- Einbringen von reflektierenden Partikeln oder kleineren Objekten.

Von beiden ist SAI aktuell die bevorzugte Methode. Ziel ist, eine Umwelt zu schaffen, wie sie nach einem massiven Vulkanausbruch entsteht und durch das reflektierte Sonnenlicht eine schnelle Abkühlung zu erzwingen. Allerdings würde ein solcher Effekt geografisch nicht ebenmäßig verteilt auftreten. Da diese Methode keinen Einfluss auf die vorhandene Konzentration von Treibhausgasen hat, würden wohl einige klimatische Effekte erzielt werden, andere wiederum nicht. Schwefelwasserstoff ist effizienter, was die Bildung von Molekülen in der Stratosphäre angeht, aber gleichzeitig hochgiftig. Modellstudien haben gezeigt, dass die Zusammenhänge zwischen der Injektionsrate, der geografischen Lage sowie den optischen Eigenschaften hochkomplex sind und deshalb schwer vorhersehbar. Alternativ wurde vorgeschlagen, Schwefelsäure direkt in die Stratosphäre einzubringen. Das wiederum würde zur Bildung schwererer Moleküle führen, die das Sonnenlicht schlechter reflektieren, und die schneller zum Boden sinken würden.

Eine weitere Alternative bestünde im Einbringen von z. B. Titandioxid-Teilchen, die einen kleineren Radius aber einen höheren Brechungsfaktor besitzen. Ein ungelöstes Problem mit dieser Methode ist die mögliche Koagulierung durch das Vorhandensein von natürlichen Sulfaten, was zu größeren Teilchen mit schlechteren optischen Eigenschaften führen würde.

Wie sollen nun diese Materialien in die Stratosphäre eingebracht werden? Vorschläge reichen von Flugzeugen zu Ballons als Transportmittel. Hier spielen Kostengesichtspunkte eine wesentliche Rolle. Während Flugzeuge nur eine begrenzte Menge einbringen können, um dann eine weitere Ladung zu holen, können Ballons größere Mengen kontinuierlich ablassen. Ballons sind allerdings instabil und gefährdet durch Turbulenzen und Winde, Eisbildung und Blitzeinschläge. Ein weiterer Gesichtspunkt ist, dass der gewünschte Effekt nicht linear mit der eingebrachten Masse wächst, weil die Koagulationsrate ebenfalls wächst.

Die beschriebene Methode könnte als Nebeneffekte die Erzeugung von Schwefelsäure-Tröpfchen haben, was wiederum zu einer Erwärmung der Stratosphäre sowie zu sauren Niederschlägen und damit zu einer negativen Beeinflussung des globalen Wasserkreislaufs führen würde. Unbekannt sind auch die Ergebnisse der

Wechselwirkung solcher Chemikalien mit der Troposphäre und damit auf das globale Wetter und mit der Ozonschicht.

Insgesamt würde eine reduzierte Sonneneinstrahlung natürlich die Photosynthese auf der Erde verringern und damit das Pflanzenwachstum. Sollte die Ozonschicht ebenfalls ausgedünnt werden, würde mehr UV-Licht in die Troposphäre gelangen. Insgesamt gibt es viele Abhängigkeiten und komplexe Wechselwirkungen und Rückkopplungen, deren Zusammenspiel nicht im Detail bekannt ist, und die analytisch nicht herleitbar sind, sondern die man allerhöchsten durch Modellierungen mit vielen variierenden Parametern abzubilden versuchen kann.

Was die zweite oben erwähnte Methode angeht, so könnten die reflektierenden Objekte z. B. Aluminiumschnipsel oder Miniaturballons sein. Beim Absinken dieser Partikel in tiefere Schichten der Atmosphäre sind Gefahren für den Flugverkehr nicht auszuschließen.

Theoretische Überlegungen haben noch nicht zu einem systematischen Gesamtkonzept geführt, haben aber gezeigt, dass das Einsäen in die Stratosphäre kein einmaliger Akt ist, sondern kontinuierlich weiter betrieben werden muss. Dadurch würden laufenden Betriebskosten entstehen.

Modifikation mariner Schichtwolken

Grundsätzliches Vorhaben: Als marine Schichtwolken werden solche Wolken benannt, die sich niedrig über den Ozeanoberflächen lagern. Sie decken etwa 17 % der Erdoberfläche ab. Um den geplanten Effekt zu erzielen, also die Albedo durch MCB (Marine Cloud Brightening) zu erhöhen, ist vorgesehen, dass Schiffe eingesetzt werden, die Seewasser durch Pumpen aufnehmen und dieses Wasser über besondere Siphons in die niedrig gelagerten Wolken versprühen. Dabei sollen die Salze als Konzentrationskerne für die Bildung von Wassertröpfchen in den Wolken dienen. Das würde schließlich zu einer Erhöhung der Wolkenalbedo führen. Die Bildung vieler kleiner Wassertröpfchen führt zu einer höheren Albedo als diejenige von Wolken, die eine natürliche Tröpfchenbildung in sich tragen. Außerdem tragen die eingesäten Salze noch zusätzlich zu einer stärkeren Reflektion des Sonnenlichtes bei.

Wegen der größeren Nähe zum Erdboden verbleiben die eingesäten Aerosole aus dem Meerwasser nur eine kurze Zeit in der unteren Troposphäre, bevor sie zu Boden oder ins Wasser zurücksinken, weshalb sie ständig erneuert werden müssen. Der Wirkungsgrad dieser Methode hängt sehr stark von den jeweils vorherrschenden Windverhältnissen ab. Außerdem ist die innere Dynamik von Wolkenbildung noch wenig erforscht.

Der Sprühnebel aus Seewasser soll bei diesem Verfahren von Segelschiffen aus erfolgen. Das Aerosol soll dabei durch Aufwinde in die Wolken gelangen. Unsicherheiten in diesen Modellen betreffen Koagulation und Rückdrift der Aerosolteilchen. Ein Einsäen von Flugzeugen aus wird wegen der hohen Kosten als unpraktisch gesehen.

Nebeneffekte könnten durch Korrosion durch Salzwasser auf Installationen an Land oder Einfluss auf Pflanzenwuchs sein. Insgesamt ist das grundlegende Verfahren erforscht, dessen Wirksamkeit jedoch noch nicht in der Praxis erprobt. Da es lokal begrenzt eingesetzt wird, handelt es sich im Endeffekt um Eingriffe in das jeweilige Wettergeschehen. Großflächige Versuche selbst hätten bereits globale noch unbekannte Auswirkungen auf die Umweltverträglichkeit.

Albedoerhöhung durch reflektierende Land- und Wasseroberflächen
Grundsätzliches Verfahren: Um die Albedo von reflektierenden Landoberflächen zu erhöhen, sind mehrere Methoden denkbar:

- die Veränderung des landwirtschaftlichen Kulturlandes und
- die bewusste Veränderung von urbanen Flächen
- Veränderung von Wüstenflächen
- Beeinflussung der Meeresoberfläche.

Während die zweite Option technisch relativ einfach umsetzbar wäre (abgesehen von den Kosten und den Konsequenzen für die Bewohner von Städten), birgt der erste Ansatz andere Schwierigkeiten. Um die Albedo zu erhöhen, ist die Verwendung von Pflanzen mit höherem Blattglanz notwendig. Mit herkömmlichen Nutzpflanzen ist dieser Effekt nicht erreichbar, deshalb geht das nur über die Ausweitung unfruchtbarer Flächen. Das hätte als Konsequenzen zum einen die Gefährdung der Biodiversität und zum anderen einen entsprechenden, schwer kalkulierbaren Einfluss auf den Kohlenstoffkreislauf.

Eine Möglichkeit wäre, beim Nutzpflanzenanbau solche Arten zu verwenden, die von Natur aus bereits eine höhere Albedo besitzen als die heute allgemein genutzten in dieser Hinsicht willkürlichen Mischungen. Zu berücksichtigen wären:

- Pflanzengestalt
- Blattglanz
- Blätterdach etc.

Der zu erwartenden Effekt würde sich lediglich regional auswirken, es sei denn, riesige Flächen könnten irgendwo auf der Erde bereitgestellt werden, wobei nationale und Besitztums-Interessen betroffen würden. Die Wirkungsdauer wäre abhängig vom Lebenszyklus der Pflanzen:

- Aussaat
- Wachstumsperiode
- Ernte.

Man könnte natürlich versuchen, bereits genutzte Pflanzen genetisch so zu verändern, dass sie die gewünschten Eigenschaften hervorbrächten, müsste dann aber möglicherweise Nachteile bzgl. Ergiebigkeit in Kauf nehmen. Unbekannt ist außerdem, ob die Eigenschaften solcher genetisch veränderten Pflanzen z. B. bzgl. des Blattglanzes stabil bleiben oder sich ändern würden. Eine andere Möglichkeit wäre, ganz auf die Abernte zu verzichten oder sich auf Pflanzen zu konzentrieren, die überhaupt nicht zur Nahrungsmittelproduktion eingesetzt werden. Das Ergebnis wäre ein Wettkampf um Anbauflächen zur Ernährung der Menschheit mit solchen genutzt für klimapolitische Ziele. Aber worüber wird diskutiert? Nur etwa 2,7 % der Erdoberfläche wird zum Anbau von Getreide abgedeckt. Hinzu kommen 7,5 % Grasland. Bleiben Wälder und Steppengebiete, deren Flächen großflächig „umgewidmet" werden müssten. Der zu erwartende Widerstand von Naturschützern wäre sicherlich enorm. Nebeneffekte bzgl. des pflanzlichen Wasserhaushalts, der Verdunstung und damit auch der umgebenden Luftfeuchtigkeit und Wolkenbildung sind weitestgehend unbekannt.

In Städten und Siedlungen könnte man Dächer mit entsprechenden reflektierenden Anstrichen versehen, sofern sie nicht bereits z. B. durch Fotovoltaikanlagen gedeckt sind. Diese Dächer müssten allerdings ständig gereinigt, bzw. Anstriche nach Witterungsschäden neu aufgetragen werden.

Grundsätzlich werden Wüsten als vielversprechende Kandidaten für Albedoerhöhung gehandelt:

- wenig bis keine Bevölkerung
- wenig bis keine Vegetation
- große verfügbare Flächen, deren Oberflächen sich kaum ändern (abgesehen von Winddrift oder Sandstürmen).

Die Idee ist, diese Oberflächen mit reflektierenden Folien abzudecken, z. B. mit Plastikfolien, die mit Aluminium überzogen sind. Auch hier reden wir aber nur über etwa 2,3 % der gesamten Erdoberfläche. Im Laufe der Zeit würden diese Folien zudem durch Reibung mit vom Wind getriebenen Wüstensand Schaden nehmen und müssten erneuert werden. Das Platzieren und die Wartung der Materialien sind zusätzliche Herausforderungen. Die Herstellung der notwendigen Menge von Folien wäre außerdem sehr Energie intensiv. Die theoretische Funktionsfähigkeit ist untersucht worden, eine praktische Wirksamkeitsdemonstration hat noch nicht stattgefunden.

Durch eine solche Maßnahme würde das Ökosystem der Wüste massiv beeinflusst werden. Dazu gibt es noch keine Untersuchungen, ebenso wenig dazu, wie das lokale Klima beeinflusst werden wird.

Bleibt als letzter, jedoch größter, zu bearbeitenden Oberflächenanteil der Erde die Meeresoberfläche. Auch hier wird darüber nachgedacht, reflektierende Elemente aufzubringen – schwimmende Kissen mit entsprechend überzogenen Oberflächen. Um messbare Ergebnissen zu erhalten, müssten große zusammenhängende Flächen hergestellt und verbracht werden. Meeresströmungen und Stürme wären die größten Feinde eines solchen Unternehmens, sodass ständig Nachbesserungen erfolgen müssten. Massive Auswirkungen nicht nur auf die Ökosysteme der Meere sondern auch auf denen der Küstenregionen sind zu erwarten.

4.2.1.3 Erhöhung der thermischen Ausstrahlung durch die Modifikation von Zirruswolken

Der nächste größere Methodenkomplex zielt ganz allgemein auf die Erhöhung der thermischen Ausstrahlung. Dazu gehört die Modifikation oder Ausdünnung dieses Mal von Zirruswolken.

Für diesen Zweck solle Flugzeuge eingesetzt werden. Von diesen aus sollen Eiskerne in die Zirruswolken in etwa 10 km Höhe eingesät werden. Das hätte eine Veränderung des Ausstrahlungseffektes zur Folge. Im Normalzustand absorbieren Zirruswolken mehr Sonnenlicht als sie reflektieren, was eine Netto-Erwärmung zur Folge hat. Durch Einsäen von Eis und dadurch eine beschleunigte Ausbildung von größeren Eiskristallen in den Wolken erhofft man sich, diesen Effekt umzukehren. In Frage kommen ungiftige Aerosole oder Seewasser. Da Zirruswolken etwa um die 30 % der Atmosphäre abdecken, wären mit dieser Methode weite Flächen der Erde betroffen.

Bis heute gab es noch keine experimentellen Feldstudien. Die Wechselwirkungen zwischen Wolken, Aerosol und Klima sind noch nicht richtig verstanden, ebenso wenig der Prozess der Kristallisation. Wegen unberechenbarer Luftströmungen decken sich die geografische Verteilung von Treibhausgas nicht unbedingt mit derjenigen der Albedomodifikationen durch Zirruswolkenverdünnung.

Obwohl die grundlegenden Theorien entwickelt worden sind, ist deren Wirksamkeit bisher noch nicht demonstriert worden. Fest steht, dass das Einsäen der Aerosole kontinuierlich erfolgen muss, auch weil die Wolken sich nicht ständig am gleichen Ort aufhalten. Die Methode ist flexibel: Einsatzorte lassen sich anpassen und die Prozesse im Falle ungewünschter Nebenwirkungen lassen sich schnell stoppen. Auf jeden Fall würden Eingriffe in das Wetter und die Luftströmungen die Folge sein. Auch großflächige Feldversuche würden bereits massive Eingriffe nach sich ziehen. Weitere Auswirkungen auf die Natur und den Menschen hängen auch von der Toxizität der einzusetzenden Aerosole ab.

4.3 CDR-Maßnahmen

Maßnahmen, CO_2 aus der Atmosphäre zu entfernen, gehen davon aus, dass einerseits CO_2 in der Vergangenheit produziert und ungebunden vorhanden ist, andererseits durch industrielle und private Prozesse – wie Autofahren oder Heizen – ständig neu freigesetzt wird. Die Maßnahmen, CO_2 aus der Atmosphäre zu entfernen und zu binden, gliedern sich in drei Kategorien:

- physikalisch
- chemisch
- biologisch.

Im Folgenden sollen im Einzelnen besprochen werden

- Beschleunigung der physikalischen Kohlenstoffpumpe im Ozean
- Beschleunigung der physikochemischen Kohlenstoffpumpe im Ozean
- Beschleunigung der biologischen Kohlenstoffpumpe im Ozean
- Erhöhung der Kohlenstoffbindung
- Beschleunigung von Verwitterung
- kontrolliertes Entfernung von CO_2

4.3.1 Physikalische Kohlenstoffpumpe

Was verbirgt sich hinter diesem Begriff? – Ozeane gelten als CO_2-Senken.Man plant nun, durch diverse Technologien absinkende Meeresströmungen so zu modifizieren, dass die Aufnahme von CO_2 in die Tiefsee verstärkt wird durch häufigeren Kontakt des Wassers mit der Atmosphäre entweder durch eine Erhöhung der Zirkulationsrate oder durch den direkten Transport von CO_2 in die Tiefsee.

Dabei löst sich das CO_2 im Meerwasser, würde aber mit der Umgebungsluft nach mehreren Jahrhunderten wieder ins Gleichgewicht gebracht, sodass diese Methode nicht zu einer permanenten CO_2- Speicherung führen würde. So würde nach einer CO_2-Freisetzung in 3000 m Tiefe nach 500 Jahren etwa die Hälfte wieder in die Atmosphäre zurückkehren. Eine beschleunigte CO_2-Aufnahme durch Intensivierung von Ozeanströmungen ist außerdem unter Energieaspekten nicht machbar.

Eine andere Methode bestünde darin, kälteres Wasser aus der Ozeantiefe durch von Wellen getriebene Pumpen zur Oberfläche zu bringen, wodurch die Atmosphäre ebenfalls gekühlt würde und das Ökosystem der Erde dahingehend beeinflusst würde, dass kältere Bodenschichten mehr CO_2 aufnehmen würden. Das Potenzial dieses Ansatzes ist schwach (< 1 Gt CO_2/Jahr) und schwer zu quantifizieren. Insgesamt würden diese Methoden zu ernsthaften Veränderungen der Weltmeere, des Strömungsverhaltens, der Atmosphäre und des Land-Energiegleichgewichts führen. Risiken bestehen für Meeresorganismen.

Die grundsätzlichen Zusammenhänge sind erforscht, Systemkonzepte liegen vor, ebenso Berechnungen zur Effektivität. Es gibt Einzelversuche mit kleineren Komponenten. Großprojekte sind noch nicht konkret geplant.

Bedenken gegen diese Maßnahmen werden weiter unten in Abschn. 4.5 erörtert.

4.3.2 Physikochemische Kohlenstoffpumpe

Bei der physikochemischen Kohlenstoffpumpe soll die Ausnutzung der Löslichkeit von CO_2 in Wasser ins Spiel gebracht werden. Diese soll erhöht werden durch das Einbringen von Kalkmineralien in die Meere, um deren Alkalität zu erhöhen und somit eine Verstärkung der Löslichkeit zu erreichen. Dafür müssen Mineralien aus Silikat haltigem Gestein abgebaut, zerkleinert und gemahlen werden, z. B. Olivin. Oder man könnte auch Kalkstein-Staub im Ozean verteilen. Dabei ist zu beachten, dass für die Absorption von 1 t CO_2 1 t Olivin erforderlich ist. Daraus wird ersichtlich, in welchen Größenordnungen diese Maßnahmen erfolgen müssten, soll damit tatsächlich ein signifikanter Anteil des jährlichen CO_2-Ausstoßes kompensiert werden – nämlich auf einem Niveau vergleichbar mit der sonstigen gesamten Bergbautätigkeit und der zugehörigen Transporttechnologie. Um Olivin zu produzieren wird zudem Prozesswärme benötigt.

Als Nebeneffekte seien genannt:

- Neutralisierung von Ozeanversäuerung (positiv)
- Änderung der optischen, chemischen und anderer Eigenschaften des Meerwasser mit unbekannten negativen Auswirkungen auf das Ökosystem

- Verunreinigung durch beigemischte Nebenprodukte aus dem Herstellungsprozess
- Übersättigung des Oberflächenwassers durch Kalk, Untersättigung tiefer liegender Meeresschichten
- Vertikaler Verteilprozess kann mehrere tausend Jahre dauern;
- Umweltschäden durch Bergbau und Transport des Materials (s. Kommentare unter Abschn. 4.5).

Die theoretischen Grundlagen des Verfahrens sind erforscht und veröffentlicht, ebenso umfassende Systemkonzepte. Es fehlt der praktische Nachweis. Es liegen keine konkreten Pläne für großflächige Erprobungen vor.

4.3.3 Biologische Kohlenstoffpumpe

Unter diesem Begriff laufen auch Maßnahmen, die als „Ozeandüngung" bezeichnet werden. Die Ozeane selbst umschließen nur etwa 2 % der gesamten Biomasse der Erde, dennoch ist Phytoplankton verantwortlich für ungefähr die Hälfte biologischer Konvertierung von CO_2 in organischen Kohlenstoff. Davon sinkt ein geringer Anteil in große Meerestiefen oder auf den Meeresboden. Dieser Biomassetransport wird als biologische Kohlenstoffpumpe bezeichnet.

Aber eine Photosynthese funktioniert nur, wenn ausreichend Sonnenlicht und Nährstoffe vorhanden sind. Es finden sich deshalb große Meeresoberflächen, auf denen letztere – insbesondere Nitrate und Eisen – nur in geringen Mengen vorhanden sind. Die biologischen Prozesse, also Phytoplankton-Wuchs, in diesen Gebieten könnten durch Düngung mit Eisen und Nitraten dazu angeregt werden.

Eisendüngung wurde insbesondere vorgeschlagen für den Nordpazifik, den äquatorialen Pazifik und den antarktischen Ozean. Die Experimente, die seit den frühen 1990er-Jahre durchgeführt wurden, haben stark unterschiedliche Ergebnisse aufgezeigt. Der Zusammenhang zwischen zusätzlicher Blüte und CO_2-Aufnahme ist ungewiss. Das zusätzliche Plankton wurde relativ schnell durch Weidegänger konsummiert. Es bildete sich weichschaliger Plankton, der sich im flachen Wasser einlagert und nach relativ kurzer Zeit das gebundene CO_2 wieder freilässt. Um etwa 50 Gt Kohlenstoff zu kompensieren würde eine Düngezeit von 100 Jahren erfordern. Makro-Nährstoffe benötigen ein Pumpsystem, um den Auftrieb von nährstoffreichem Wasser aus einer Tiefe von mehreren hundert Metern und damit eine Planktonblüte zu ermöglichen. Da Plankton die Grundlage der maritimen Nahrungskette ist, sind signifikante Auswirkungen auf das maritime Ökosystem zu erwarten. Ein gesteigerter Sauerstoffverbrauch und die Emission von Spurengasen (N_2O) sind wahrscheinlich; N_2O trägt allerdings auch zur Erderwärmung bei. Toxische Planktonblüten können ebenfalls nicht ausgeschlossen werden. Die Langzeiteffekte von Ozeandüngung sind z. Zt. nicht vorhersehbar.

Mit diesem Ansatz wird direkt in die Nahrungskette eingegriffen. Zunächst möchte man die Bakterien- und Algenmassen erhöhen, was in direkter Folge ebenfalls eine Erhöhung der globalen Photosynthese nach sich zöge. Eine weitere Komponente ist dann die Einbringung von Eisen und Stickstoff in die Ozeane, um das

Planktonwachstum zu steigern. Durch beide Maßnahmen würde die natürliche Nahrungskette modifiziert. Es ist auch nicht auszuschließen, dass die Anzahl von toxischen Mikroorganismen ebenfalls anwächst.

Zurzeit liegen keine Planungen für großflächige Prototypexperimente vor. Es gibt nach wie vor Unsicherheiten bzgl.

- der Absinkdauer des gebundenen CO_2
- des Einflusses auf das marine Ökosystem
- der benötigten Düngeintervalle
- des Risikos giftiger Algenblüte.

4.3.4 Kohlenstoffbindung

Im Grunde genommen geht es bei diesen Vorhaben um nichts anderes als Verbrennung von Holz. Das wird in der Abb. 4.5 schematisch dargestellt.

Zunächst ist geplant, die Sahara aufzuforsten. Ist das einmal gelungen, möchte man das dann zu erntende Holz durch Pyrolyse zu Holzkohle verarbeiten, um somit das CO_2 zu binden. Die Produkte des Pyrolyse-Prozesses müssten sodann in Langzeitendlager verbracht und gehortet werden.

Grundsätzlich könnte Aufforstung sowohl in Regionen betrieben werden, die in der Vergangenheit entwaldet worden sind und als unmittelbares Nachwachsprojekt in Gegenden, wo Wälder gegenwärtig aus wirtschaftlichen Gründen abgeholzt werden. Denn es gibt kaum ein effektiveres Mittel, Treibhausgase über längere Zeiträume zu binden. Dem stehen allerdings folgende Argumente entgegen:

- gegenwärtige und geplante Landnutzung für andere Zwecke
- dauerhafter Schutz und kontinuierliches Überwachen der Wälder
- mögliche Beeinflussung durch
  - Klimaveränderungen
  - Waldbrände
  - gesellschaftlicher Druck für andere Nutzung.

Abb. 4.5 Pyrolyse

Außerdem könnte diese Maßnahme einige der oben genannten Vorschläge zur Albedo-Modifikation konterkarieren:

- Oberflächen-Reflektierung
- Wolkenbildung durch Verdunstung.

Der Folgeprozess ist auch bekannt als BECCS (Biomass Energy with Carbon Capture and Storage). Dabei geht es um die Verbrennung von Biomasse und die anschließende Einlagerung des dadurch gebundenen Kohlenstoffs. Die Verbrennung von Biomasse könnte z. B. genutzt werden zur

- Elektrizitätserzeugung
- Bio-Äthanol-Produktion

Bio-Äthanol könnte dann komprimiert und anschließend geologisch eingelagert werden. Bei der Elektrizitätserzeugung könnte Biomasse in traditionellen Kohlekraftwerken dem Hauptbrennstoff beigemischt werden. Für Biomasse aus anderen Anbauten als Wald gelten die gleichen Einwände wie bereits oben benannt. Hinzu kommen Argumente im Zusammenhang mit Bio-Diversität von Pfanzenkulturen (Monokulturen) und Fauna. Allerdings wird Biomasse aus Abfallprodukten heute bereits wirtschaftlich bei der Produktion von Biogas genutzt.

4.3.4.1 Biomasse

Obwohl technologisch erhebliche Unterschiede bestehen, unterscheiden sich, sowohl, was die ursprüngliche Herkunft des Energieträgers, als auch, was dessen Umwandlung in nutzbare Energie angeht, nicht grundsätzlich von dem, was über konventionelle Kraftwerke mit fossilen Energieträgern angeht: organische Stoffe werden verbrannt, und die beim Verbrennungsprozesse frei werdende chemische Bindungsenergie zum Betrieb von mechano-elektrischen Komponenten genutzt.

Lassen Sie uns zunächst auf die Energieträger eingehen. Bei dem, was man als Biomasse bezeichnet, handelt es sich im Grunde um alles, was irgendwie wächst und vergeht. Natürlich werden bei der Auswahl für unsere Zwecke bestimmte Kriterien zugrunde gelegt, die eine Vielzahl von Stoffen ausschließen. Dabei spielen solche Gesichtspunkte wie Brennwert, Lagerungsfähigkeit, Transport, Verfügbarkeit, Preise usw. wichtige Rollen. Übrig bleiben:

- Gemüse
- Früchte
- Gartenabfälle
- Speisereste,
- aber auch Stroh und Fruchthülsen.

Für Biomasse-Anlagen im großen Stil eignen sich aber eher:

- Trockenholz
- Holzabfälle
- Späne usw.

Die Brennstoffe müssen in der Regel aufbereitet, d. h. in eine Form gebracht werden, die lager- und transportfähig ist, sowie den technologischen Erfordernissen einer größeren Verbrennungsanlage genüge tut. Häufig wird Biomasse zusammen mit fossilen Energieträgern verfeuert. Da es sich – wie bereits gesagt – um ähnliche Vorgänge handelt, wie bei traditionellen fossilen Kraftwerken, besteht die Möglichkeit, vorhandene Kraftwerke entsprechend umzurüsten.

Verbrennungstechnologie
Je nachdem, ob es sich um größere Anlagen oder um Anlagen für den Hausgebrauch handelt, unterscheiden sich die Verbrennungstechnologien. Wo soll man die Grenze ziehen? Grundsätzlich fallen alle Öfen, in denen man Holz oder Holzabfälle verbrennt, unter Biomasse-Anlagen. Heute sind diese Vorläufer technologisch verfeinert worden und zu Pellet- oder automatischen Holzhackschnitzelheizungen aufgerüstet worden.

Biomasse-Anlagen werden nach folgenden Kriterien klassifiziert:

- Gesamtanlagengröße
- verwendete Brennstoffe
- Beschickungssystem
- Feuerungstechnik.

Bzgl. der Anlagengröße gibt die Tab. 4.3 einige Anhaltspunkte:

Beschickungssysteme unterscheiden sich nach:

- kontinuierlicher
- absetziger
- manueller und
- automatischer Beschickung.

Tab. 4.3 Klassifizierung von Biomasse-Anlagen nach Anlagengröße

Kleinstanlagen	< 15 kW
Kleinanlagen	15 kW–1 MW
mittlere Anlagen	1 MW–50 MW
Großanlagen	> 50 MW

Feuerungstechnik differenziert sich nach:

- Unterschub-
- Treppenrost-
- Schrägrost-
- Vorschubrost-
- Wirbelschicht-
- Stocker-
- Vorofen-
- Einblas-
- Schacht-
- Durchbrand-
- Unterbrand-
- Frontalbrandfeuerung.

An dieser Stelle soll auf die Unterschiede nicht weiter eingegangen werden.

Die Hauptkomponenten (s. Abb. 4.6) einer Biomasse-Verbrennungsanlage (als Frontend vor der Umwandlung in nutzbare Energie) sind:

- Brennstofflager
- Brennstoffzuführung
- Transporteinheit
- Kessel
- Luftregelung
- Rauchgasreinigung
- Entaschung
- Wärmetauscher.

Abb. 4.7 zeigt eine Ausschnitt aus dem Brennstoff- Transportkreislauf.

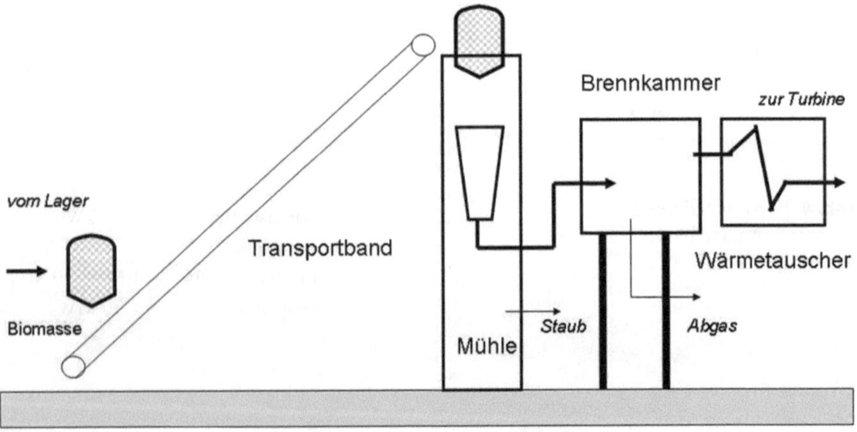

Abb. 4.6 Biomasse-Verbrennungsanlage

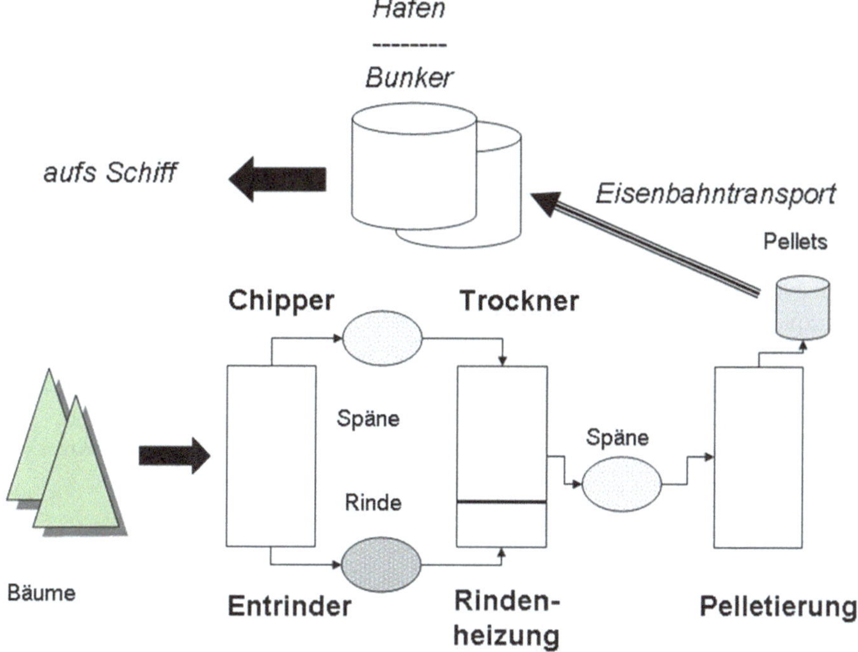

Abb. 4.7 Brennstoff-Transportkreislauf für Biomasse

Der Verbrennungsprozess
Bei der Verbrennung unterscheidet man unterschiedliche Phasen:

- Trocknung (Freisetzen von Wasserdampf)
- Pyrolyse (Freisetzen brennbarer Gase)
- Oxydation (Verbrennung der Gase).

Alle drei Phasen bedingen unterschiedliche Sauerstoffzufuhr.

Über den gesamten Prozess werden folgende Stoffe umgesetzt bzw. erzeugt:

- Wasserdampf
- Kohlendioxid
- Kohlenmonoxid
- Stickoxide
- Kohlenwasserstoffe
- Ruß
- Schlacke.

Einflussfaktoren bei der Verbrennung und damit auch auf den Wirkungsgrad solcher Anlagen sind:

- Brennwert
- Feuchtigkeit des Brennstoffs

- Sauerstoffzufuhr
- Gasverhalten in der Brennkammer
- Brenntemperatur
- Brennkammer Layout.

Brennstoffe
Bei der Auswahl von (neuen) Brennstoffen spielen folgende Kriterien eine wichtige Rolle:

- chemische Zusammensetzung
- Explosionsgefahr
- Verarbeitungsfähigkeit
- Verbrennungsprozess.

Auf diese Weise haben die nachfolgenden Stoffe Einzug in den Biomasse-Kreislauf gefunden:

- Holz-Pellets
- Palmenmark-Pellets
- Zitrus-Pellets
- Erdnuss-Pellets
- Reis-Hülsen
- Soja-Hülsen
- Kaffee-Hülsen.

Bei unterschiedlicher Dichte haben Holzspäne einen etwas niedrigeren, Holz-Pellets einen etwas höheren Brennwert als traditionelle Kohle. 60 % der Holz-Pellets kommt aus Canada (per Schiff), 10 % aus Europa und die restlichen 30 % aus anderen Lokationen (Quelle: RWE), sodass sich mittlerweile Transportrouten eröffnet haben, die denen großer Öltanker gleichen.

Die Erzeugung von Strom und Wärme
Bisher haben wir uns lediglich mit Front-end-Überlegungen beschäftigt. Aber schließlich geht es ja vor allem um den nutzbaren Output. Große Energieversorgungsunternehmen betreiben europaweit eine Vielzahl mit Biomasse befeuerter Heizkraftwerke. Ihnen liegt folgende Funktionsweise zugrunde:

- Die Biomasse wird am Kraftwerk angeliefert und Fremdstoffe wie Steine oder Metall werden aussortiert.
- Anschließend gelangt der Brennstoff in einen Kessel und wird bei hohen Temperaturen verbrannt (s. o.).
- Die dabei freigesetzte Energie erhitzt Wasser zu Dampf. Dieser treibt eine Turbine an, welche wiederum an einen Generator gekoppelt ist. Dadurch wird Strom erzeugt.
- Die Restwärme aus dem Dampfkessel ist als Fernwärme nutzbar.

4.3.4.2 Biogas

Der Energieträger beim Biogaseinsatz zur Energieumwandlung ist Methan. Es gibt daneben bei der Biogasentstehung noch weitere andere Gase, die aber nur bzgl. des Wirkungsgrades einer Gesamtanlage eine Rolle spielen. Biogas wird gewonnen als Nebenprodukt in landwirtschaftlichen Betrieben, aus Abfällen der Ernährungsindustrie und Entsorgungsanlagen (Klärwerke). Die Erzeugungsrate selbst hängt natürlich von der Art der organischen Primärstoffe ab. Diese können folgenden Ursprungs sein:

- Stallmist und Gülle
- Unkraut und pflanzlicher Abfall
- Rückstände aus Destillations- und Brauprozessen
- organische Schlämme aus der Lebensmittelherstellung
- Schlachthofabfälle
- Biotonneninhalte aus Hausmüll
- Klärschlämme aus kommunalen Anlagen
- Lebensmittelabfälle aus gastronomischen Betrieben
- sonstige Gartenabfälle
- spezielle Zuchtpflanzen mit hoher Ergiebigkeit.

Tab. 4.4 gibt einen Überblick über Gaserträge für verschiedene organische Substanzen:

Der Basisvorgang, dem alles Weitere zugrunde liegt, besteht aus der Verwesung organischen Materials, seien es abgestorbene Pflanzen oder Tierkadaver. Bewerkstelligt wird dieser Prozess durch Bakterien, die keinen Sauerstoff zum Leben benötigen (anaerob). Solche Bakterien sind weit verbreitet in der Natur, z. B. in Sumpfgebieten, siedeln aber auch im Verdauungstrakt von Tieren. Über das in der Landwirtschaft gehaltene Vieh gelangen sie in Stalldung und Gülle. Die chemische Reaktion sieht so aus:

$$\text{organischer Abfall} + \text{Bakterien} \rightarrow \text{Methan} + CO_2 + \text{Verwesungsprodukt}$$

Für die weitere Betrachtung sind nur die beiden Gase relevant, die in einer Biogasanlage verbrannt werden. Tab. 4.5 zeigt die Zusammensetzung von Biogas in ihren chemischen Bestandteilen:

Tab. 4.4 Biogaserträge. (Quelle: T. Seilnacht)

Rindergülle	25 m³/t
Schweinegülle	36 m³/t
Molke	55 m³/t
Brauereirückstände	75 m³/t
Grünabfall	110 m³/t
Bioabfall	120 m³/t
Speiseabfälle	220 m³/t
Altfett	600 m³/t

Tab. 4.5 Biogasbestandteile. (Quelle: T. Seilnacht)

Methan	40–75 %
Kohlendioxid	25–55 %
Wasserdampf	0–10 %
Stickstoff	0–5 %
Sauerstoff	0–2 %
Wasserstoff	0–1 %
Ammoniak	0–1 %
Schwefelwasserstoff	0–1 %

Biogas kann sowohl zur Stromerzeugung als auch zur direkten Wärmegewinnung herangezogen werden. Der Heizwert von 1 m^3 Biogas entspricht etwa dem von 0,6 l Heizöl.

Technologische Voraussetzungen
Die wesentlichen Komponenten einer Biogasanlage sind (s. Abb. 4.8):

- Gärbehälter (Fermenter)
- Verbrennungsaggregat
- Stromerzeugungsaggregat.

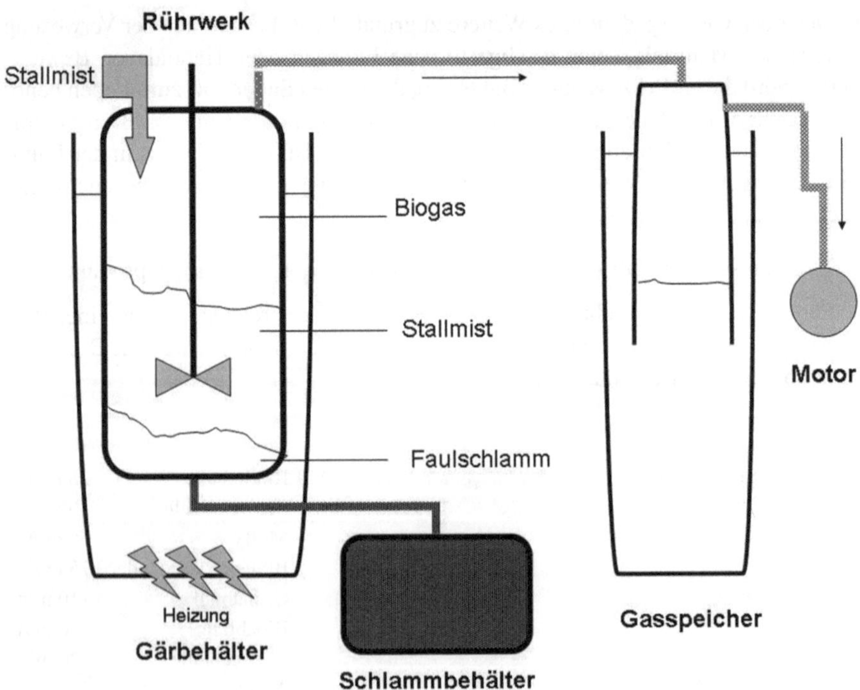

Abb. 4.8 Biogasanlage

Zusätzlich können noch Nachgärer zwischen Fermenter und Endlagerbehälter zum Einsatz kommen (nicht in der Darstellung), und zwar 1–2 pro Fermenter.

Der Strom-/Wärmegewinnungsprozess läuft dann folgendermaßen ab:

- Zuführung der organischen Materie in den Fermenter
- Verweilzeit: einige Tage > Bildung von Biogas
- während der Verweilzeit: ständiges Rühren
- Verweilzeit und Volumen erzeugten Biogases in Abhängigkeit von der Temperatur (30–40°C angestrebt)
- Weiterleitung der verbleibenden Masse in Endlagerbehälter
- hier noch einmal Gewinnung von Rest-Biogas
- Reinigung des Gases durch Sauerstoff; Entschwefelung
- Trocknung des Gases im Abscheider.

Obwohl in der Abb. 4.8 funktional zwischen Gärbehälter und Gasspeicher unterschieden wird, kann sich der Gasspeicher selbst als dehnbare Membran über dem Gärbehälter befinden, von wo aus das Gas dann direkt zum Betrieb eines Motors abgeleitet werden kann.

Danach kann die Verbrennung in unterschiedlichen Aggregaten erfolgen:

- Blockheizkraftwerke zur Gewinnung von sowohl Elektrizität als auch Wärme
- Verbrennungsmotor zur Stromerzeugung
- Nutzung der Abwärme beim Verbrennungsprozess (Erwärmung des Gärbehälters)
- Einspeisung in das öffentliche Versorgungsnetz.

***

Das mögliche Ausmaß solcher Anwendungen hängt von mehreren Faktoren ab:

- Verfügbarkeit von Biomasse
- Nachhaltigkeit der erforderlichen Landwirtschaft
- Vorhandensein einer entsprechenden Infrastruktur
- eine entsprechende Energieversorgung
- geologische Lagerungsmöglichkeiten für gebundenes CO_2.

All diese Maßnahmen haben natürlich Auswirkungen auf die gesamte Umwelt. Dazu gehören die intensive Nutzung von landwirtschaftlichen Flächen in ausgesuchten Regionen, die sonst zur Nahrungsmittelproduktion genutzt werden und der wahrscheinliche Einsatz von Düngemitteln. Auswirkungen auf Lebensmittelpreise und Wasserressourcen sind nicht auszuschließen.

Biogasproduktion und Biomasse-Verfeuerung sind erprobte Technologien und umfassend im Einsatz zu Zwecken der Energieversorgung. Konkrete Großprojekte, die die gesamte Kette von Aufforstung bis hin zur Endlagerung mit dem Ziel einer globalen CO_2-Bindung sind weder in Planung noch experimentell erprobt. Bei der Speicherung kann es zu Leckagen oder Verunreinigung des Grundwassers kommen.

Bei der Verfeuerung von Pellets oder Spänen würde weiterhin kontinuierlich Kohle genutzt und damit wiederum CO_2 emittiert.

4.3.4.3 Kohlenstofflandwirtschaft

Kohlenstofflandwirtschaft oder Carbon Farming soll CO_2 durch geeignete Anbaumethoden in landwirtschaftlich genutzten Böden binden. Zu den vorgeschlagenen Maßnahmen gehören:

- Auflockerung von Ackerböden zur Humusbildung
- geeignete Fruchtfolgen
- Verwendung von Pflanzen mit starker Durchwurzelung
- Einlagerung von Kohlenstoff aus Verbrennungsprodukten.

Um den Effekt dieser Maßnahmen und deren Nachhaltigkeit zu messen, können Spektralanalysen durchgeführt werden, durch die das Vorhandensein organischer Materie im Boden nachgewiesen wird. Die Sensoren dafür lassen sich entweder auf Beobachtungssatelliten oder dafür ausgerüstete Drohnen anbringen.

4.3.5 Verwitterung

Der natürliche Verwitterungsprozess soll vorangetrieben werden. Diese Idee beruht auf der Erkenntnis, dass auch Kohlesäureverwitterung z. B. auf Felsen auf der geologischen Zeitskala als CO_2-Senke eine wichtige Rolle spielt. Die Verwitterungsergebnisse werden im Laufe vieler Jahre über Flüsse in die Meere geleitet. Wie könnte eine Beschleunigung dieses natürlichen Vorgangs durch chemische Methoden erzielt werden? – Die Silikatverwitterung, die hier gemeint ist, könnte verstärkt werden durch das Einbringen von Olivinpulver oder pulverisierten Kalkstein in tropische Wälder oder in Küstengewässer. Eine erste Schätzung bzgl. der erforderlichen Menge beziffert diese als Äquivalent zur gegenwärtigen Weltkohleproduktion. Eine andere Möglichkeit wäre der Einsatz von Salzsäure an Land, um die Verwitterung zu beeinflussen. Die erforderliche Menge an Salzsäure erhofft man sich durch elektrochemische Entnahme dieses Stoffes aus den Weltmeeren.

Sowohl die Produktion von Olivin als auch die Aufbereitung von Kalkstein sowie von den erforderlichen Mengen von Salzsäure bedingen einen hohen Einsatz von Elektrizität und Wärme und eine energetisch aufwendige Logistik mit entsprechenden Auswirkungen auf die gesamte Umwelt. Die grundlegenden technischen Prozesse sind im Rahmen von begrenzten wissenschaftlichen Studien ausreichend erforscht, Systemkonzepte sind veröffentlicht, aber ohne Bestätigung durch Experimente, sodass keine praktischen Erfahrungen auf der globalen Skala vorliegen. Experimente in den erforderlichen Größenordnungen sind noch nicht konkret geplant.

4.3.6 Direkte Entfernung von CO_2

Bevor wir uns diesem Verfahren widmen, hier noch einige Begriffsklärungen:

In der allgemeinen Klimadiskussion ist immer wieder vom Net Zero Climate Change (NET) die Rede. Gemeint ist damit ein Zustand, in dem die Emission von so genannten Treibhausgasen sich im Gleichgewicht mit der Entfernung dieser Gase aus der Atmosphäre befindet. Es gibt dazu analoge bzw. komplementäre Begriffe, wie z. B. GGR (Greenhouse Gas Removal) oder eben CDR (Carbon Dioxide Removal). Sie sagen nicht das Gleiche aus, sondern sprechen lediglich dieselben dahinter liegenden Technologien an, ohne aber notwendigerweise eine Bilanz zu ziehen, wie es implizit in NET der Fall ist.

CDR wurde in der Vergangenheit, wenn auch unbeabsichtigt, bereits zweimal praktiziert:

- 1972 in Texas, um die Öl-Gewinnung durch Pumpen zu erleichtern
- 1996 im Sleiper Gasfeld, um Emissionen zu reduzieren, indem CO_2 aus dem Erdgas auf dem Grund der Nordsee gelagert wurde.

Zu den Vorschlägen, CO_2 in technologischen Prozessen zu absorbieren, gehören auch Verfahren, es zum Beispiel in den Kaminen von Kohle- und Gaskraftwerken einzufangen.

Eine wichtige Technologie, die mit dieser Technologie implizit gemeint ist, ist das so genannte Air Capture Verfahren, welches zunächst vorsieht, Luft über einen Absorber zu leiten (z. B. Natriumhydroxid), sodass reines CO_2 als Rückstand verbleibt. Dieses CO_2 müsste dann wiederum in entsprechende Endlager verbracht und gehortet werden.

Die hierzu erforderlichen Schritte sind schematisch in Abb. 4.9 dargestellt.

Dabei sind insbesondere die folgenden Randbedingungen zu beachten:

- die geringe CO_2-Konzentration in der Atmosphäre
- die Aufrechterhaltung eines kontinuierlichen Luftstroms im System
- zusätzlich erforderliche Energie, um das gewonnene CO_2 für die Lagerung zu komprimieren.

Abb. 4.9 Air Capture Verfahren

Die Wirksamkeit des Verfahrens ist auf Laborebene bestätigt worden. Pläne für großindustrielle Verwendung liegen bisher nicht vor. Die Methode steht und fällt mit dem Vorhandensein geeigneter Speichermedien. Folgende Risiken sind möglich:

- Verwendung potentiell gefährlicher Chemischer Stoffe
- Leckagen und Verunreinigung des Grundwassers bei Speicherung im Untergrund.

4.4 Stand der Technik

Wie sieht heute der Stand der Technik bezogen auf die unter Abschn. 4.3 beschriebenen Maßnahmen aus? Soviel kann man sagen: die meisten der vorgestellten Vorschläge basieren auf theoretischen Papieren, die in großer Vielfalt veröffentlich worden sind und auch weiterhin veröffentlicht werden. Eine Vielzahl von Patenten ist angemeldet. Es gibt auch jede Menge Modellrechnungen, die aber alle zu unterschiedlichen Ergebnissen kommen – je nach Wahl der zur Verfügung stehenden Parameter. Dabei handelt es sich größtenteils um reine Schätzungen, basierend auf nicht-robusten Annahmen.

Das Hauptproblem besteht darin, dass aussagekräftige Feldtests eigentlich nur auf globaler Ebene möglich sind. Laborexperimente sind lediglich geeignet, um technische Verfahren selbst zu evaluieren. Bekannt und erprobt sind beispielsweise Verfahren der Kohlenstoffbindung. Bekannt sind natürlich auch die chemischen Prozesse, die bei der Verwitterung eine Rolle spielen. Ansonsten ist die Faktenlage sehr dünn.

Im Einzelnen lässt sich der technische Stand wie folgt zusammenfassen:

- Installation im Weltraum: der Forschungsstand ist – mit Ausnahme von theoretischen Grundsatzüberlegungen – rudimentär. Praktische Versuche sind noch nicht erfolgt – auch nicht auf Laborniveau; offene Punkte:
  - Lebensdauer der Installationen
  - Entwicklung der Installation selbst
  - Wahl und Erprobung der Transportmodule
  - Wahl und Erprobung der Trägersysteme.
- Modifikation der Stratosphäre: theoretische Überlegungen haben noch nicht zu einem systematischen Gesamtkonzept geführt, haben aber gezeigt, dass das Einsäen in die Stratosphäre kein einmaliger Akt ist, sondern kontinuierlich weiter betrieben werden muss.
- Physikalische, physikochemische, biologische Kohlenstoffpumpen: die grundsätzlichen Zusammenhänge sind erforscht, Systemkonzepte liegen vor, ebenso Berechnungen zur Effektivität. Es gibt Einzelversuche mit kleineren Komponenten. Großprojekte sind noch nicht konkret geplant.
- Biogas-, Biomasse-Technologien sind in der Praxis erprobt

- Verwitterung: keine praktischen Erfahrungen auf der globalen Scala. Experimente in den erforderlichen Größenordnungen sind noch nicht konkret geplant.
- Carbon capture: die Wirksamkeit des Verfahrens ist auf Laborebene bestätigt worden. Pläne für großindustrielle Verwendung liegen bisher nicht vor.

4.5 Nebenwirkungen

Angesichts der teilweise abenteuerlich anmutenden Vorschläge stellt sich natürlich die Frage nach den möglichen Begleiterscheinungen beim Einsatz der angedachten Technologien. Diese Nebenwirkungen können selbstverständlich unterschiedlich sein, entsprechend der Art der Maßnahmen. Die folgende Liste gibt nur einen Aufriss der Möglichkeiten wieder, ohne in die Details zu gehen:

- Abkühlung der Tropen (Albedo-Maßnahmen)
- Unsicherheiten bezüglich der Verteilung der Sonneneinstrahlung an sich und der Auswirkungen auf Atmosphäre und Ozeane
- Albedoerhöhung Oberflächen: massive Auswirkungen nicht nur auf die Ökosysteme der Meere sondern auch auf denen der Küstenregionen
- Erwärmung des Meerwassers (Kombination unterschiedlicher Ansätze)
- Abschwächung von Wasserkreisläufen generell
- Beeinflussung des gesamten Energiehaushalts der Erde (Albedo- und Abstrahlungsmaßnahmen)
- Erhöhte Azidität (Verwitterungsbeschleunigung)
- Einfluss auf den Kohlenstoffkreislauf (CO_2-Maßnahmen)
- Meeresversauerung (Kombination unterschiedlicher Ansätze)
- Beeinflussung der Nahrungskette (praktisch durch alle Maßnahmen)
- biologische Kohlenstoffpumpe: Risiko giftiger Algenblüte
- Beeinträchtigung von Landwirtschaft und Fischerei
- Erhöhung der Alkalinität (Kohlenstoffpumpe)
- Kohlenstoffbindung: Leckagen ins Grundwasser

Die Kombination von unterschiedlichen CE-Maßnahmen kann zu Kompensationen, gegenläufigen Effekten oder Übersteuerung führen. Bei einem tatsächlichen großflächigen Einsatz ist das gesamte Problem der Überwachung und Gegensteuerung vorab zu lösen. In Tab. 4.6 ist eine Bewertungsmatrix der Auswirkungen einzelner Ansätze abgebildet.

Tab. 4.6 Bewertungsmatrix. (Quelle: G. Klepper et al., Herausforderung Climate Engineering – Bewertung neuer Optionen für den Klimaschutz, Kiel, Institut für Weltwirtschaft, Nr. 8 Juni 2016)

	Schäden durch vorbereitende Experimente	Veränderung des Wasserkreislaufs	Schäden für lokale Klimasysteme und Umwelt	Verlust der Biodiversität	Versauerung des Tiefenmeeres
Aerosole in der Stratosphäre	hoch	?	?	–	–
Modifikation mariner Schichtwolken	gering	hoch	mittel	–	–
Künstlicher Auftrieb/Abtrieb	gering	–	?	?	–
Eibringen von Olivin	gering	–	?	?	–
Düngung durch Makronährstoffe	mittel	–	mittel	?	gering
Düngung durch Mikronährstoffe	mittel	–	mittel	?	gering

5 Physikalische Hintergrundbetrachtungen

Zusammenfassung

Als nächstes wollen wir jetzt einige naturwissenschaftliche Aspekte in den Blick nehmen, die zu beachten sind, wenn CE-Ideen umgesetzt werden sollen. Dabei spielen zunächst thermodynamische Überlegungen eine wichtige Rolle.

Als nächstes wollen wir jetzt einige naturwissenschaftliche Aspekte in den Blick nehmen, die zu beachten sind, wenn CE-Ideen umgesetzt werden sollen. Dabei spielen zunächst thermodynamische Überlegungen eine wichtige Rolle.

Bevor wir direkt in die Thermodynamik eintauchen, kommen wir nicht darum herum, den Begriff der Energie einzuführen. Energie spielt eine entscheidende Rolle bei allen Phänomenen der klassischen und der modernen Physik.

Um sich ihr anzunähern, wollen wir uns zunächst mit der Arbeit beschäftigen. Als Arbeit bezeichnet man das Ergebnis der Einwirkung einer Kraft. Dieses Ergebnis wird als Bewegung sichtbar, die sich mathematisch beschreiben lässt. Um aber Bewegung zu erzeugen, bedarf es der Überwindung eines Widerstandes. Dabei kann es sich um die Trägheit einer Masse handeln, um die Anziehungskraft eines anderen Körpers, um Reibung oder Widerstand gegen Verformung. Allgemein errechnet sich die Arbeit aus der Beziehung

$$W = Fs\left[\mathrm{Nm}\right]\mathrm{oder}\left[\mathrm{J}\right]\mathrm{oder}\left[\mathrm{Ws}\right]\mathrm{oder}\left[\mathrm{kgm}^2/\mathrm{s}^2\right] \tag{5.1}$$

Arbeit ist das Produkt aus Kraft (F) mal Weg (s).

W. Osterhage, *Eingriffe in das Klimasystem*,
https://doi.org/10.1007/978-3-662-73011-9_5

Die Wirkung von Arbeit lässt sich allerdings erst messen, wenn dabei ein bestimmter Zeitabschnitt betrachtet wird – als Arbeit pro Zeiteinheit:

$$P = W/t\,[J/s]\,\text{oder}\,[\text{Watt}]\,\text{oder}\left[kgm^2/s^3\right] \tag{5.2}$$

In diesem Fall spricht man von Leistung. Das bringt uns zur Energie. Wir wenden uns zunächst der potenziellen Energie zu (freier Fall):

$$E_{pot} = mgh \tag{5.3}$$

mit m Masse
g Erdbeschleunigung
h Höhe.

Als Pendant dazu existiert die kinetische Energie, auch Wucht genannt, die bei einer tatsächlichen Bewegung frei wird:

$$E_{kin} = mv^2/2 \tag{5.4}$$

mit v Geschwindigkeit.

Eine weitere Größe, die für die folgenden thermodynamischen Überlegungen notwendig ist, ist die Temperatur. Über unseren Tastsinn können wir relative Temperaturunterschiede ermitteln und zuordnen, ob ein Gegenstand oder ein Gas warm oder kalt ist. Dabei hängt unser Empfinden aber nicht nur von der Temperatur selbst, sondern zum Teil auch von anderen Einflussgrößen wie z. B. der Windgeschwindigkeit ab.

Es gibt eine konkrete Beziehung zwischen Druck, Volumen und Temperatur, die als Zustandsgleichung bezeichnet wird:

$$pV = mRT \tag{5.5}$$

mit R der idealen Gaskonstanten.

Diese Gleichung resultiert aus Untersuchungen von Boyle. Dessen Gesetz lautet folgendermaßen:

Für ideale Gase ist bei konstanter Temperatur T und Stoffmenge m das Volumen V umgekehrt proportional zum Druck p.

Wissenschaftliche Erkenntnisse haben gezeigt, dass Energieformen ineinander umwandelbar sind. Dabei ändert sich der Energiegehalt nicht. Nun kann es aber Systeme geben, deren Energiezustand weder durch kinetische noch durch potenzielle mechanische Energie, sondern z. B. durch Zufuhr von Wärme geändert werden kann. Um den Energiezustand eines Systems allgemein zu untersuchen, führen wir den Begriff der inneren Energie ein.

Der Begriff wurde erstmals geprägt von Robert Mayer, einem Arzt, der Mitte des neunzehnten Jahrhunderts bei seiner langen Überfahrt nach Java Gelegenheit hatte, über den Zusammenhang zwischen Bewegung der Wellen und Wassertemperatur nachzudenken. Später systematisierte er seine Überlegungen, die zur Formulierung des ersten Hauptsatzes der Thermodynamik führten.

Wärme ist also Energie, die an der Grenze zwischen zwei Systemen verschiedener Temperatur auftritt, und die aufgrund dieses Temperaturunterschiedes zwischen den Systemen ausgetauscht wird. Wärme ist also auch eine Form von Energie. Dieses führte zur Formulierung des ersten Hauptsatzes der Thermodynamik.

5.1 Energiebilanzen

Energiebilanzen – ganz gleich in welchem Kontext sie erstellt werden – folgen alle denselben physikalischen Gesetzen. Für die Erde kann man beispielsweise zwei Bilanzen betrachten, die aber letztendlich zusammengenommen werden müssen.

5.1.1 Die astronomische Bilanz

Abb. 5.1 zeigt eine schematische Darstellung der natürlichen oder astronomischen Bilanz. Die natürliche Temperatur des Planeten lässt sich nicht allein mit der Sonneneinstrahlung, die ja – wie in Abschn. 4.1 erläutert – teilweise reflektiert wird, erklären. Hinzu kommt die Erdwärme. Auslöser ist der radioaktive Zerfall instabiler Kerne im Erdinneren. Hier greifen die Naturgesetze der Kernphysik. Durch den radioaktiven Zerfall wird Energie frei, die zur Erwärmung des Erdinneren führt (Abb. 5.2). Als Energieträger dient heiße Sole, die von unten nach oben gepumpt wird. Diese Sole erreicht Temperaturen von nahe 100 °C. In Deutschland findet man solche Schichten vorzugsweise in Alpennähe, beispielsweise dem Malmkarst südlich von München. In dieser porösen Kalksteinschicht findet man heißes Grundwasser in Tiefen zwischen 2500 m und 4000 m.

Abb. 5.1 Natürliche Energiebilanz der Erde

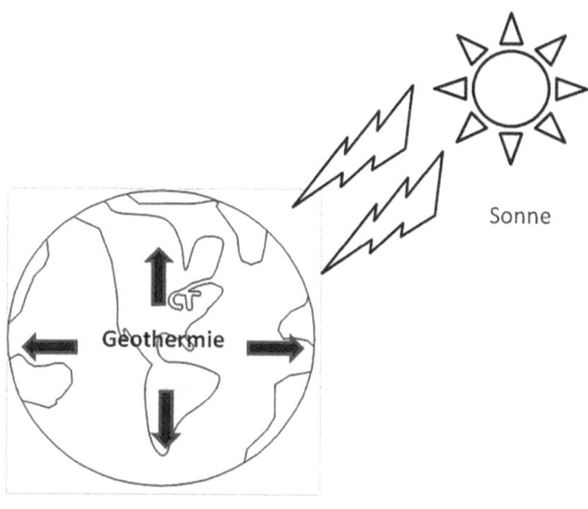

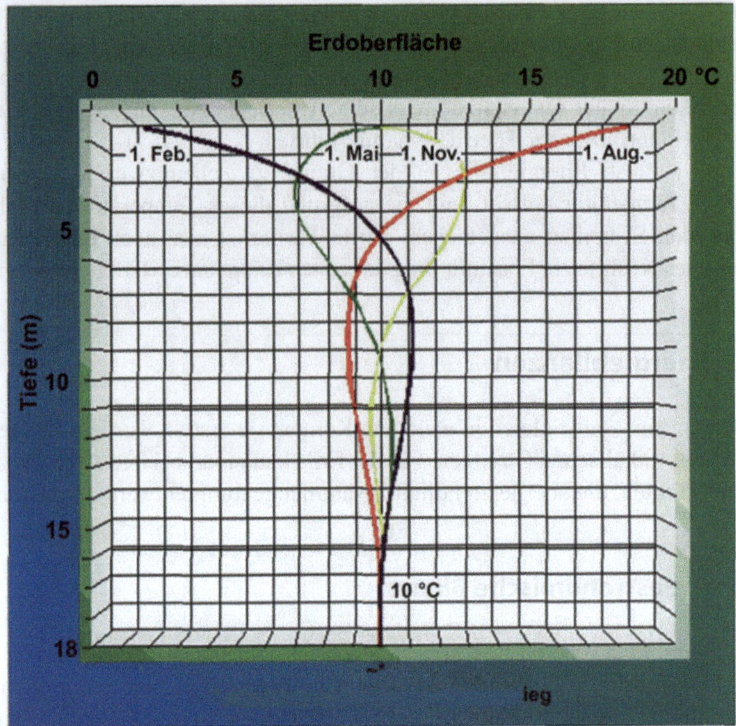

Abb. 5.2 Jahrestemperaturverlauf im Erdreich Quelle: tecalor

5.1.2 Die technologische Bilanz

Innerhalb der Erdatmosphäre und in Erdbodennähe finden technologische Prozesse im Rahmen der Energienutzung statt, die die Energiebilanz des Planeten beeinflussen. Tab. 5.1 gibt die wesentlichen im Einsatz befindlichen Technologien wieder.

5.1.3 Gesamtbilanz

Energieströme und -bilanzen werden von zwei physikalischen Grundgesetzen bestimmt: dem I. und II. Hauptsatz der Thermodynamik.

5.1.3.1 I. Hauptsatz

Der erste Hauptsatz der Thermodynamik kann folgendermaßen formuliert werden:

> „In einem geschlossenen System bleibt der gesamte Energievorrat als Summe aus mechanischer, sonstiger und Wärmeenergie konstant."

Tab. 5.1 Technologien der Energieumwandlung

Technologie	Brennstoff	Rückstände
Dampfkraftanlagen	Kohle	Asche, Abgase
	Gas	Abgase
	Öl	Abgase
	nukleare Brennstoffe	radioaktive Produkte
Solarkraftwerke		
Photovoltaik		
Windkraft		
Biomasse	Pellets	Asche, Abgase
	Fruchthülsen	Asche, Abgase
Biogas	Methan	Abgase
Erdwärme		
Wasserkraft		
Mobilität	Benzin	Abgase
E-Mobilität		

Der erste Hauptsatz ist das Prinzip von der Erhaltung der Energie. Er ist Grundlage für alle weiteren Betrachtungen in der Physik. Unter anderem folgt aus ihm, dass ein perpetuum mobile nicht möglich ist. Er besagt außerdem: „there are no free lunches", d. h.: alles hat seinen Preis, nichts entsteht aus sich selbst, sondern nur aus der Umwandlung von schon Bestehendem in eine andere Form.

5.1.3.2 Prozesse

Wir unterscheiden in der Thermodynamik drei Arten von Prozessen:

- reversible
- irreversible
- unmögliche.

Ein unmöglicher Prozess wäre z. B. der Übergang von Wärme eines Systems niedriger Temperatur auf ein System höherer Temperatur ohne äußere Einwirkung. Solche Prozesse wollen wir nicht weiter betrachten.

Ein reversibler Prozess ist folgendermaßen definiert:

> „Wenn ein System, in dem ein bestimmter Prozess abgelaufen ist, wieder in seinen Anfangszustand gebrachte werden kann, ohne dass irgendwelche Änderungen in seiner Umgebung zurück bleiben, so handelt es sich um einen reversiblen Prozess."

Reversible Prozesse sind Konstrukte, die nützlich sind, um Wirkungsgrade von Systemen zu berechnen. Sie liefern maximal nutzbare Arbeit, kommen aber in der

Natur nicht oder nur näherungsweise vor, dienen aber als Referenz für irreversible Prozesse:

„Wenn der Anfangszustand eines Systems, das einen bestimmten Prozess durchlaufen hat, ohne Änderung der Umgebung nicht wieder herstellbar ist, so handelt es sich um einen irreversiblen Prozess.“

5.1.3.3 II. Hauptsatz

Der II. Hauptsatz der Thermodynamik lässt sich dann qualitativ folgendermaßen ausdrücken:

„Alle natürlichen Prozesse sind irreversibel.“

Bei irreversiblen Prozessen wird Energie sozusagen entwertet. Es entsteht Energieverlust, den man allerdings dann an einem idealisierten korrespondierenden reversiblen Prozess messen kann. Ein Hauptgrund für die Irreversibilität von Prozessen ist das Auftreten von Reibung. Der II. Hauptsatz macht aber noch eine weiter gehende Aussage. Er zeigt die Richtung auf, in der thermodynamische und natürliche Prozesse ablaufen. Die damit verbundene Gerichtetheit sagt aus, dass jedem Zeitpunkt eines Vorgangs, der später kommt, eine größere Entropie zukommt. Um die qualitativen Aussagen zu unterstützen, benötigen wir eine Zustandsgröße, die folgende Bedingungen erfüllt:

- Zunahme bei irreversiblen Prozessen
- Abnahme bei unmöglichen Prozessen
- Konstanz bei reversiblen Prozessen.

Die gesuchte Zustandsgröße wurde von R. Clausius im Jahre 1865 eingeführt und wird Entropie genannt. Die Definition für die Entropie-Änderung lautet:

$$\Delta S = \int_1^2 \frac{dQ}{T} [\mathrm{J/K}] \tag{5.6}$$

Die Zunahme der Entropie S ist gleich dem Integral über die zugeführte Wärmemenge, die ein System vom Zustand 1 auf den Zustand 2 bringt, geteilt durch die absolute Temperatur, bei der das geschieht.

Ersetzen wir dQ durch die zugehörige Energiegleichung:

$$\mathrm{dQ} = (\mathrm{dU} + \mathrm{pdV}) \tag{5.7}$$

mit U der inneren Energie, so lässt sich zusammenfassend sagen:

1. Jedes System besitzt eine Zustandsgröße S, die Entropie, deren Differenzial durch dS = (dU + pdV)/T definiert ist. Dabei ist T die absolute Temperatur.
2. Die Entropie eines (adiabaten) Systems kann niemals abnehmen. Bei allen natürlichen, irreversiblen Prozessen nimmt die Entropie des Systems zu, bei reversiblen Prozessen bliebe sie konstant:

$$\left(S_2 - S_1\right)_{ad} \geq 0 \tag{5.8}$$

Man bezeichnet die Entropie auch als ein Maß für die Unordnung eines Systems bzw. für die Wahrscheinlichkeit eines Zustandes. In der Praxis bedeutet das, dass ein geordnetes System ohne äußerlichen Einfluss (adiabat) sich immer auf einen Zustand größerer Unordnung zu bewegt. Damit einher geht automatisch der Informationsverlust über den ursprünglich geordneten Zustand des Systems. Das ist der Lauf in der Natur (das Absterben eines Organismus) und in der menschlichen Geschichte. Um einen Zustand höherer Ordnung zu erhalten bzw. zu erzeugen, muss Energie von außen zugefügt werden. Aber auch das geschieht wieder nur durch andere irreversible Prozesse, die ihrerseits wiederum Energieverlust generieren. Im Gesamtkosmos nimmt die Entropie ständig zu.

Nach dem 1. Hauptsatz der Thermodynamik kann bei keinem thermodynamischen Prozess Energie erzeugt oder vernichtet werden. Es gibt nur Energieumwandlungen von einer Energieform in andere Energieformen. Für diese Energieumwandlungen gelten stets die Bilanzgleichungen des I. Hauptsatzes. Diese enthalten jedoch keine Aussagen darüber, ob eine bestimmte Energieumwandlung überhaupt möglich ist. Um diesen Sachverhalt zu beschreiben, werden unter Zuhilfenahme des II. Hauptsatzes der Thermodynamik folgende Begriffe eingeführt:

Wir können drei Gruppen von Energien unterscheiden, wenn wir den Grad ihrer Umwandelbarkeit als Kriterium heranziehen:

1. Unbeschränkt umwandelbare Energie (Exergie) wie z. B. mechanische und elektrische Energie.
2. Beschränkt umwandelbare Energie wie Wärme und innere Energie, deren Umwandlung in Exergie durch den II. Hauptsatz empfindlich beschnitten wird.
3. Nicht umwandelbare Energie wie z. B. die innere Energie der Umgebung, deren Umwandlung in Exergie nach dem II. Hauptsatz unmöglich ist.

5.1.3.4 Exergie und Anergie

Der II. Hauptsatz der Thermodynamik stellt uns vor die folgenden Tatsachen: Energie kann in verschiedenen Forman auftreten. Manche davon lassen sich beliebig in andere Formen umwandeln, z. B. mechanische Energie (kinetische sowie potenzielle), also auch Arbeit. Das trifft auch für die elektrische Energie zu. Wir haben diese Energieformen unter dem Sammelbegriff „Exergie“ zusammengefasst. Setzen wir jetzt einen reversiblen Prozess voraus (den es in der Natur nicht gibt), so würden solche Energieumwandlungen vollständig sein. Ebenfalls möglich wäre eine limitierte Umwandlung in innere Energie bzw. Wärme durch entsprechende (irreversible) Prozesse. Innere Energie und Wärme stehen allerdings für nur beschränkt umwandelbare Energieformen. Solche lassen sich nicht vollständig in Exergie transformieren. Unter Berücksichtigung des II. Hauptsatzes der Thermodynamik hängen die Möglichkeiten ab von

- der Energieform,
- dem Zustand des Energieträgers und
- der Umgebung.

Daraus folgt z. B., dass die gesamte in einer Umgebung vorhandene Energie sich nicht in Exergie umwandeln lässt. Das gilt ebenso auch für Wärme bei Umgebungstemperatur. Zusammenfassend lässt sich das so ausdrücken:

> Der Energieinhalt aller Systeme, die sich mit der Umgebung im thermodynamischen Gleichgewicht befinden, lässt sich nicht in Exergie umwandeln.

Damit lässt sich Energie folgendermaßen klassifizieren:

- Exergie: unbeschränkt umwandelbare Energie (mechanisch, elektrische)
- Eingeschränkt umwandelbare Energie (Wärme, innere Energie)
- Anergie: nicht in Exergie umwandelbare Energie.

Zusammenfassend ergeben sich folgende Definitionen:

> **Zusammenfassung**
> Exergie lässt sich in einer vorgegebenen Umgebung in jede andere Energieform umwandeln.
> Anergie ist nicht in Exergie umwandelbar.

Mit Hilfe dieser beiden „Energie-Anteile" lassen sich nunmehr beliebige Bilanzen für alle energetischen Prozesse beschreiben, da diese in eindeutigen Beziehungen zueinander stehen. Damit gibt es also Anteile, die sich teilweise in Exergie – also nutzbare Energie – umwandeln lassen, andererseits Anteile, die für eine Umwandlung – also Nutzung – nicht zur Verfügung stehen. Energieformen setzen sich aus einem exergetischen und einem anergetischen Anteil zusammen. In manchen Fällen kann der eine oder andere Anteil auch gleich 0 sein. Beispiele:

- elektrische Energie: Anergie = 0
- Umgebung: Exergie = 0.

Es ist der II. Hauptsatz der Thermodynamik, der uns zu der Klassifizierung von Exergie und Anergie geführt hat. Die Existenz der Konzepte Exergie und Anergie selbst kann als eine Alternativ-Formulierung des II. Hauptsatzes angesehen werden. Zugrunde liegen Erfahrungstatsachen, die direkt aus der Beobachtung der Natur folgen. Vor diesem Hintergrund kann man den II. Hauptsatz auch folgendermaßen formulieren:

> Energie setzt sich grundsätzlich aus Exergie und Anergie zusammen; dabei kann auch einer der beiden Anteile Null sein.

Die passende Gleichung dazu lautet:

$$\text{Energie} = \text{Exergie} + \text{Anergie}$$

Jetzt können wir auch den I. Hauptsatz durch diese beiden Begriffe ausdrücken:

> Die Summe aus Exergie und Anergie bleibt konstant – unabhängig vom Prozess.

Was für die Summe aus Exergie und Anergie gilt, lässt sich jedoch nicht auf jeweils Exergie und Anergie allein übertragen. Schauen wir uns jetzt noch einmal die Prozessarten vor diesem Hintergrund an. Dann ergeben sich daraus folgende Feststellungen:

> 1. Bei irreversiblen Prozessen wird Exergie in Anergie umgewandelt.
> 2. Bei den hypothetischen reversiblen Prozessen wird die Exergie erhalten.
> 3. Anergie kann nicht in Exergie umgewandelt werden.

Diese drei Aussagen bestimmen grundsätzlich die Basis, auf der Energieumwandlungen, wie wir sie aus den unterschiedlichsten Wärme- und Stromerzeugungsanlagen kennen, funktionieren – völlig losgelöst vom Typ der Energieumwandlung: seien es Windkraft, Kernenergie oder Solarzellen. Wie wir schon erfahren haben, sind alle natürlichen Prozesse irreversibel. Dadurch wird kontinuierlich der verfügbare Fundus an umwandelbarer Energie, nämlich Exergie, verringert, da sich Teile von ihm in nicht mehr nutzbare Anergie umsetzen. Das ändert nichts an der Erhaltung der Summe beider Größen, die im I. Hauptsatz zum Ausdruck kommt. Lediglich die Fähigkeit zur Nutzung durch Umwandlung nimmt ständig ab durch die Umwandlung von Exergie in Anergie. Schon durch die Definition der Anergie (nicht in Exergie umwandelbar) liegt die Logik der obigen Aussagen (1–3) begründet.

Die drei Aussagen des II. Hauptsatzes über das Verhalten von Exergie und Anergie lassen sich wie folgt beweisen. Die Unmöglichkeit, Anergie in Exergie zu verwandeln (Satz 3) folgt unmittelbar aus der Definition der Anergie: sie ist als Energie definiert, die sich nicht in Exergie umwandeln lässt.

Der Idealprozess der Energieumwandlung – ein reversibler Prozess – ist leider ein gedankliches Hilfskonstrukt, welches bei unseren Überlegungen hilfreich ist und als Messlatte eingesetzt werden kann, in Natur und Technik aber nicht vorkommt. Dabei handelt es sich nicht um einen Mangel, den man möglicherweise durch geniale Erfindungen oder sukzessive Verbesserungen beheben könnte. Die Begrenzung liegt nicht in unseren Unfähigkeiten begründet, sondern ist eine Tatsache der Natur selbst, die mathematisch-physikalisch durch den II. Hauptsatz der Thermodynamik ausgedrückt wird.

Salopp gesprochen, haben wir es in der Natur und in unseren Apparaten mit einer Art von „Exergievernichtung“ bzw. Energieentwertung zu tun. Vom technischen Standpunkt aus kann man Energieformen folgendermaßen klassifizieren:

Je größer die Umwandlungsfähigkeit, d. h. je höher der Exergie-Anteil ist, desto wertvoller ist eine Energieform.

Das ist natürlich vom Ende her gedacht, vom späteren Nutzen her. Die Natur macht solche Unterscheidungen nicht. Energie ist Energie, und ihr Gehalt ändert sich in der Summe nie. Was wir als „Exergieverlust“ – also Anergie – bezeichnen, geht gemäß des I. Hauptsatzes nicht verloren.

Die ganze Energiediskussion dreht sich eigentlich nicht so sehr um die Gesamtsumme der Energie selbst, sondern viel spezifischer um den Exergieanteil. In jeder Ausgangslage geht es darum, diesen Anteil nutzbar zu machen: beim Heizen, bei der Stromerzeugung, beim Einsatz von Kraftmaschinen und bei der Mobilität. Das, was an Energie für diese Prozesse erforderlich ist, ist aber nicht die energetische Gesamtsumme, sonder deren exergetischer Anteil, der nutzbringend angewandt, sprich umgewandelt, werden kann. In der Energietechnik wird Exergie zur Verfügung gestellt. Und ganz am Ende der Kette, wenn der Nutzen erzielt worden ist, bleibt in der Regel nur noch Anergie zurück – beim Verbraucher, nach dem Verbrauch.

Es wäre also sinnvoller, von Exergiequellen zu sprechen. Aus der direkten Umgebung (Anergie) kommt nichts. Eigentlich müsste die gesamte Energiediskussion Exergiediskussion heißen. Energie wird weder verbraucht noch geht sie verloren, kann auf gar keinen Fall erneuert werden (unmöglicher Prozess!). Alle Optimierungsüberlegungen sollten natürlich in die Richtung gehen, bei Energieumwandlungen den Exergieverlust, also den Zuwachs an Anergie, möglichst klein zu halten. Das fängt aber schon bei der Auswahl des Energieträgers an (hohes Exergiepotenzial), und setzt sich in der Verfahrenstechnik, der Umwandlungstechnologie, fort. Insofern kann man gedanklich immer einen reversiblen Prozess unter Bewahrung der ursprünglich vorhandenen Exergie technisch-wirtschaftlich anstreben, wohl wissend, dass man ihn im Endergebnis nie erreichen wird. Der Wirkungsgrad gibt letztendlich Auskunft darüber, wie gut man sich dem Ideal angenähert hat. Unabhängig von den technischen Überlegungen der Annäherung an den idealen Prozess, spielen wirtschaftliche Gesichtspunkte eine Rolle, die bei gegebenen Voraussetzungen ebenfalls minimiert werden sollen, sodass der technische Einsatz selbst nicht das einzige Kriterium sein kann, um eine bestimmte Aufgabe zu lösen. Mitunter muss unter wirtschaftlichen Aspekten ein bestimmter Exergieverlust in Kauf genommen werden.

Wie wir gesehen haben, bilden für die Erstellung einer Energiebilanz im Wesentlichen der I. und II. Hauptsatz der Thermodynamik die Grundlage. Auf dieser Grundlage und unter Zuhilfenahme der Konzepte von Exergie, Anergie und Enthalpie lassen sich diese Bilanzen für dezidierte Komponenten oder auch ganze Anlagen errechnen. Im Ergebnis geht es physikalisch immer um den Wirkungsgrad bzw. den Verlust nutzbarer Energie.

5.1.3.5 Energiebilanzen vollständig

Strebt man allerdings eine vollständige Bilanz unter den Gesichtspunkten von Umweltverträglichkeit und Wirtschaftlichkeit an, muss man in der Berechnungskette früher beginnen. Dann muss man in der Tat für den gesamten Energiekreislauf folgendes Schema zur Anwendung bringen (Abb. 5.3).

Unter volkswirtschaftlichen Gesichtspunkten kommen schließlich noch ganz andere Voraussetzungen hinzu:

- infrastrukturelle wie Straßen für Transporte
- Schienen und Betriebsstätten
- Regeneration von Arbeitskraft

und all die Overheads wie Verwaltung und ähnliches, die für eine ehrliche Bilanz eigentlich berücksichtigt werden sollten.

- Rohstoffgewinnung, Aufbereitung, Entsorgung der Reststoffe, alle Zwischentransporte für
  - Brennstoffe
  - Materialien zur Komponenten-Herstellung
  - Betriebsstoffe
- Herstellung der Komponenten inkl.
  - bauliche Voraussetzungen (Fabriken)
  - Produktionsvoraussetzungen (Maschinen)
  - Entsorgung der dabei anfallenden Abfälle
  - alle Zwischentransporte
- Montage der Anlage ....
- Betrieb der Versorgungsinfrastruktur ....
- Entsorgung der Asche ....
- ....

Abb. 5.3 Energiekreislauf

Ein Beispiel ist die Veröffentlichung eines Artikels im Bonner Generalanzeiger im Jahre 2019. Es handelt sich dabei um die Zusammenfassung von Berechnungen von K. Rademacher und A. Hermann:

Die Deutsche Bahn gilt als ein unter Umweltgesichtspunkten akzeptables Transportmedium. Das stimmt sicherlich für den Betrieb im Vergleich zu anderen Transportmitteln. Wie sieht nun die Infrastruktur aus? Die Autoren betrachteten die ICE-Strecke zwischen Köln und Frankfurt über eine Länge von 170 km.

Eingesetzt wurden 700 km Schienen, deren Produktion 84.000 t CO_2 gekostet hat. Der Stahl wurde aus Indien importiert. Der Einsatz von 0,5 Mio. cm^3 Beton erzeugte 137.500 t CO_2. Weitere Belastungen entstanden durch den Bau von 30 Tunneln, Masten für Stromleitungen, 1300 Kabelaufhänger, Verkabelung und Halteseile.

Folgerung: Bevor der erste Zug rollte, wurden zwischen 1995 und 2002 mehrere Millionen Tonnen CO_2 erzeugt.

5.2 Chaos

Weitere Hinweise auf das Systemverhalten gibt uns die Chaostheorie. Als Chaostheorie bezeichnet man ein Teilgebiet der nichtlinearen Dynamik. Sie beschäftigt sie sich mit Ordnungen in dynamischen Systemen, deren zeitliche Entwicklung unvorhersagbar erscheint.

Die in den 70er-Jahren formalisierte Chaostheorie, deren Anfänge auf die 40ger Jahre zurückgehen, kam relativ früh in der Wirtschaft zur Anwendung: bei der Analyse der Entwicklung von Terminwarenbörsen, von Bewegungen der internationalen Finanzmärkte, Einkommensverteilungen, plötzlichen Abstürzen von Marktpreisen etc. Ohne an dieser Stelle in die Tiefe dieser Theorie gehen zu wollen, sei auf zwei Phänomene hingewiesen, die für die nachfolgenden Betrachtungen interessant sind: Fraktale und strange attractors.

Fraktale sind selbstähnliche Gebilde, die – wenn sie sich zusammensetzen – wiederum die gleiche Grundfigur ergeben. Einige Fraktale bilden die Basis von strange attractors. Letztere tauchen z. B. in der Wirklichkeit als Wirbel in fließenden Flüssigkeiten oder in der regelmäßigen Bewegung eines Pendels auf. Ein strange attractor sorgt dafür, dass in einem anderweitig chaotischen Umfeld ein sog. quasichaotischer Zustand erreicht wird, der jedoch durch einen winzigen Impuls von außen sofort wieder zerstört werden kann und das System zum Absturz bringt. Eine weitere Eigenschaft des strange attractors liegt darin, dass er nach einem Zustand minimaler Energie strebt – physikalisch gesprochen, d. h. dass zu einer höherwertigen Stabilisierung zusätzliche Energie in das System gepumpt werden muss.

Liegt chaotisches Verhalten vor, dann führen selbst geringste Änderungen der Anfangswerte nach einer gewissen Zeit zu einem völlig anderen Verhalten. Chaotisches Verhalten kann nur in Systemen auftreten, deren Dynamik durch nichtlineare Gleichungen beschrieben wird. Ursache des exponentiellen Wachstums von

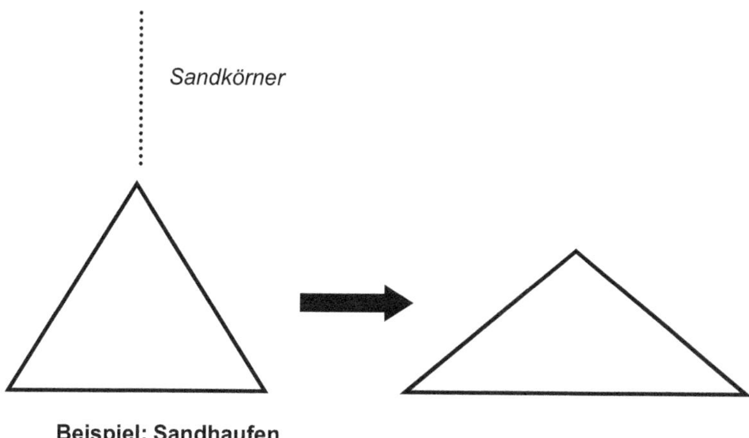

Abb. 5.4 Quasi-chaotischer Sandhaufen

Unterschieden in den Anfangsbedingungen sind dabei oft Mechanismen von Selbstverstärkung beispielsweise Rückkopplungen.

Den meisten Vorgängen in der Natur liegen nichtlineare Prozesse zugrunde.

Die Zuverlässigkeit der Wettervorhersage z. B. ist durch die grobe Kenntnis des Ausgangszustandes begrenzt. Auch bei vollständiger Information würde eine langfristige Wettervorhersage letztlich am chaotischen Charakter des meteorologischen Geschehens scheitern.

In der Abb. 5.4 sehen wir schematisch die Entwicklung eines Sandhaufens, dem kontinuierlich weitere Sandkörner hinzugefügt werden – solange, bis er seine Stabilität verliert und seine Form ins Rutschen kommt – ausgelöst durch ein letztes Sandkörnchen, welches den inhärenten quasi-chaotischen Zustand zum Kippen bringt.

5.3 Feinabstimmung

Bevor wir die bisherigen naturwissenschaftlichen Gedanken zusammenführen, hier noch einige Bemerkungen zur Feinabstimmung unseres Planeten und damit des Lebens auf der Erde:

Es gibt jede Menge Bereiche, die sich ständig im quasi-chaotischen Zustand befinden:

- die Stabilität von Wirtschaftssystemen
- physikalische Systeme wie Sterne oder Flüssigkeiten und Gase.

Zu den letzteren ist zu sagen, dass, wäre z. B. die Neutron-Proton Massendifferenz nur um ein weniges anders, dann gäbe es keine Kernphysik im herkömmlichen Sinne, auch keine Elemente und keine Sterne. Oder: entspräche das Energieniveau im C^{12}–Kern nicht 7,65 MeV, gäbe es kein Leben, das auf der Kohlenstoff-Chemie beruht.

Es sieht so aus, als ob viele Naturkonstanten innerhalb ziemlich enger Grenzen gerade so sind, dass menschliches Leben möglich ist. Die genannten Konstanten können wir nicht beeinflussen. Aber es gibt eine weiter gehende Feinabstimmung innerhalb unseres fragilen Lebensbereichs. Diese wird bestimmt durch

- die Austarierung des Verhältnisses Landmasse – Meere
- die Zusammensetzung unserer Atmosphäre
- die Verteilung der Tier- und Pflanzenvielfalt über unseren Planeten.

Diese und all die anderen Faktoren würden von Geoengineering beeinflusst werden.

6 Zusammenführung

Zusammenfassung

Geoengineering-Maßnahmen sind irreversible Prozesse, die die empfindliche Feinabstimmung unseres quasi-chaotischen Lebensraumes stören und damit eine chaotische Dynamik entwickeln können.

Führen wir jetzt die gewonnenen Erkenntnisse zusammen; dann erkennen wir:

Geoengineering-Maßnahmen

- sind irreversible Prozesse
- können die empfindliche Feinabstimmung unseres Lebensraumes (quasi-chaotischer Zustand) stören und
- eine chaotische Dynamik entwickeln.

6.1 Irreversibilität

Behauptung:

Bei gleitendem Ausstieg aus CE-Szenarien bleibt kein nennenswerter Schaden zurück.

Dem gegenüber steht:

W. Osterhage, *Eingriffe in das Klimasystem*,
https://doi.org/10.1007/978-3-662-73011-9_6

Jeder Eingriff in das Erdsystem ist irreversibel. In bestimmten Fällen kann das zu Katastrophen führen, die irreparabel und schwerwiegender als der bisherige Klimawandel sind.

Am Ende könnte das Ergebnis stehen, was durch Geoengineering verhindern werden soll: die Gefährdung des Lebens auf diesem Planeten.

6.2 Argumente

Den obigen Bedenken können weitere Befürwortungsargumente entgegengehalten werden:

- Es hat immer schon solche Eingriffe gegeben.
- Der Bau von Häusern und Städten hat die Oberfläche der Erde nachhaltig verändert.
- Das großflächige Abholzen von Wäldern hat zu Wüstenbildungen geführt.
- Die Emission von Verbrennungsgasen hat zur Veränderung der atmosphärischen Zusammensetzung geführt.
- Wir greifen im Rahmen zivilisatorischer Entwicklungen ständig in unsere Lebensräume ein.

Aus all diesen Gründen wäre Geoengineering nicht nur legitim, sondern sogar geboten.

Dem gegenüber steht die einfache Überlegung, dass wir kein geeignetes Testsystem besitzen, um alle Auswirkungen vor der Scharfschaltung zu prüfen, wie das z. B. bei der Einführung neuer Software standardmäßig der Fall. Um die Komplexität eines solchen Verfahrens deutlich zu machen, sei an dieser Stelle der korrespondierende Prozess bei der Einführung neuer Software beispielhaft angeführt:

Die Leitung des Einführungsprojektes, in der sowohl Entscheider des Lieferanten wie auch des Kunden vertreten sind, stellt sicher, dass die gesamte Kette zwischen ursprünglicher Anforderung bis zur Fehler- und Datenbereinigung, die über den Inbetriebnahmezeitpunkt hinaus gehen kann, zeitgerecht und unter Berücksichtigung der vereinbarten Qualitätskriterien abgearbeitet wird. Dabei ist es unerheblich, ob es sich z. B. um komplette Releases oder nur um die Umsetzung von z. B. Change Requests handelt. Der Ablauf bleibt grundsätzlich der gleiche.

Im Prozess zu berücksichtigen (s. Abb. 6.1) sind die Folgeschritte:

- Anforderungsmanagement,
- Change Management,
- Fehlermanagement,
- Qualitätsmanagement
- Migrationsmanagement,
- Dokumentation,

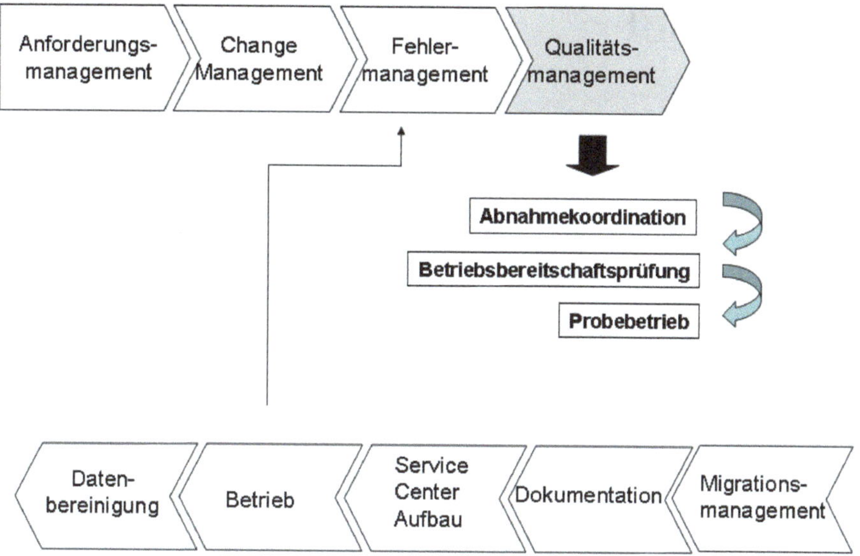

Abb. 6.1 Aufgaben aus Sicht der Projektleitung

- Betrieb,
- Datenbereinigung.

Zum Qualitätsmanagement wiederum gehören:

- die Abnahmekoordination,
- die Betriebsbereitschaftsprüfung und
- der Probebetrieb.

Die in Abb. 6.1 sequenziell dargestellten Funktionsblöcke werden in der Regel überlappend oder auch Phasen verschoben wahrgenommen. Die Sequenz in der Darstellung unterstreicht lediglich die logische Verkettung. Einzelne Aufgaben erfahren naturgemäß differenzierte Ausprägungen entsprechend des letztendlichen Abnahmegegenstandes. Ein punktuell umgesetzter Change Request wird von der Intensität her über den planerischen Aufwand bis hin zum Einspielen zur Produktivsetzung eine andere Aufmerksamkeit beanspruchen als ein komplettes Release.

All diese Funktionen und Tätigkeiten finden zunächst auf einem Testsystem statt, bevor ein Roll-out der gesamten Funktionalitäten auf einem Life-System freigegeben wird!

Dem gegenüber veranschaulicht die Abb. 6.2 die Situation beim Geoengineering: wir haben nur einen Schuss! Und der wird am lebenden Objekt durchgeführt. Wenn der danebengeht, gibt es keinen Weg mehr zurück.

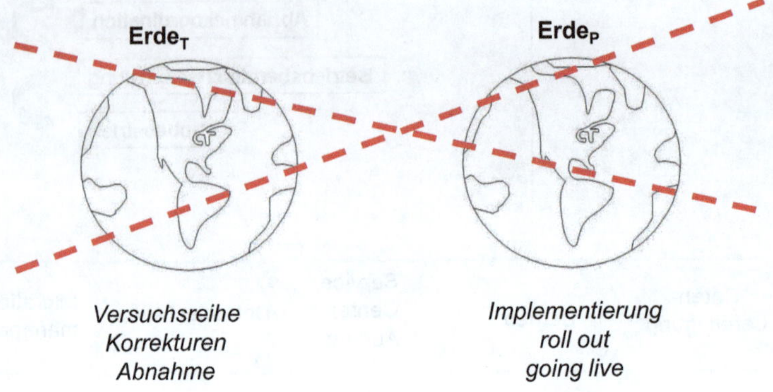

Abb. 6.2 one shot

6.3 Risikoanalyse

Da wir über kein statistisches Mengengerüst verfügen, sind statistische Voraussagen auf Basis von z. B. Normalverteilungsalgorithmen, bezogen auf das Risiko, nicht möglich. Es greifen andere Überlegungen, wie z. B. diejenigen von Nassim Taleb, der die Theorie des Schwarzen Schwans entwickelte. Er weist nach, dass herkömmliche statistische Untersuchungen nur in sehr kontrollierten Umgebungen sinnvolle Aussagen machen können. Andererseits gibt es immer wieder in allen Lebensbereichen Situationen, die plötzlich nicht nur außerhalb deterministischer Szenarien, sondern sogar im statistischen Bereich Werte annehmen, die nicht vorausgesagt werden können. Er schlägt für solche Szenarien eine differenzierte Betrachtungsweise vor, indem er davon ausgeht, dass immer mindestens ein weiteres Risiko existiert, das nicht berücksichtigt wurde (s. Abb. 6.3). Taleb nennt eine solches unwahrscheinliches Ereignis einen „schwarzen Schwan" (black swan). Warum? Bis zur Besiedlung Australiens glaubten alle Europäer, dass es nur weiße Schwäne gäbe. Das war durch Jahrtausende lange statistische Daten (Beobachtung) untermauert. Dann tauchten schwarze Schwäne in Australien auf: gegen jede Wahrscheinlichkeit.

Die Risiken beim Geoengineering sind nach Talebs Systematik im Quadranten vier anzusiedeln.

	I **einfache Szenarien**	II **komplexe Szenarien**
A Anwendungsbereich Normalverteilung	erster Quadrant **sehr sicher**	zweiter Quadrant **quasi sicher**
B Anwendungsbereich Unwahrscheinlichkeit	dritter Quadrant **sicher**	vierter Quadrant **unsicher mit unbekannter Auswirkung**

Bis zur Entdeckung Australiens kannte man keine schwarzen Schwäne. Ein „schwarzer Schwan" war etwas völlig Unwahrscheinliches, hatte dann aber einen enormen Impakt, gemessen an der Gesamtpopulation von Schwänen (nach Taleb).

Abb. 6.3 Der schwarze Schwan

Referenzrahmen 7

Zusammenfassung

Schon heute gibt es grundsätzliche Kritik an Geoengineering im Rahmen ethischer, aber auch praktischer Überlegungen. Diese Kritik basiert auf der Tatsache, dass es eigentlich keinen Referenzrahmen bzgl. der Ziele all dieser Maßnahmen gibt. Die Kritik beschränkt sich dabei nicht nur auf nicht-kontrollierbare Nebeneffekte, wie bereits oben angesprochen. Sie schließt auch Ergebnisse ein, die von Befürwortern als positiv bewertet werden würden.

Schon heute gibt es grundsätzliche Kritik an Geoengineering im Rahmen ethischer, aber auch praktischer Überlegungen. Diese Kritik basiert auf der Tatsache, dass es eigentlich keinen Referenzrahmen bzgl. der Ziele all dieser Maßnahmen gibt. Die Kritik beschränkt sich dabei nicht nur auf nicht-kontrollierbare Nebeneffekte, wie bereits oben angesprochen. Sie schließt auch Ergebnisse ein, die von Befürwortern als positiv bewertet werden würden. Als Beispiel seien hier mögliche Auswirkungen von SRM-Maßnahmen angeführt.

SRM-Maßnahmen sollen bekanntlich zu einer Abkühlung der globalen Durchschnittstemperatur führen. Wird dieses Ziel erreicht, so wird im Ergebnis allerdings keine Situation eintreten, die das auf diese Weise künstlich geschaffene Klima identisch mit dem z. B. des vor-industriellen Zeitalters wieder herstellt. Man hätte es dann mit einem völlig neuen Klima zu tun. Das würde zur Folge haben, dass die heute vorhandene globale Verteilung der Biodiversität infolge einer komplett anderen Niederschlagsverteilung nachteilig beeinflusst würde. Unterschiedliche Regionen auf dem Globus wären auf unterschiedliche Weise betroffen.

Weitere ethische Argumente gegen Geoengineering betreffen die Rolle einzelner Staaten in diesem Zusammenhang. So wird moniert, dass diejenigen Statten, die das Potenzial haben, massiv in die Gestaltung des Klimas einzugreifen, gleichzeitig

W. Osterhage, *Eingriffe in das Klimasystem*,
https://doi.org/10.1007/978-3-662-73011-9_7

auch die Staaten sind, die für Klimafolgen durch den Einsatz von Großtechnologien in der Vergangenheit verantwortlich gewesen sind. In beiden Fällen müssten andere Staaten mit vergleichbar geringerem Potenzial die jeweiligen Folgen mittragen.

Die meisten Geoengineering-Maßnahmen würden sich über lange Zeiträume erstrecken. Die Unterbrechung einiger Maßnahmen könnte wieder zu einem schnellen Temperaturanstieg führen. Das impliziert, dass die Risiken und Kosten von Geoengineering auf nachfolgende Generationen übertragen werden. Das betrifft sowohl SRM- als auch CDR-Ansätze, z. B. bei der Endlagerung von CO_2.

Gesetzt den Fall, dass man sich letztendlich doch für Geoengineering entscheidet, stellt sich die Frage nach den Zielgrößen. Die Erde hat ja bekanntlich viele Perioden mit Klimaschwankungen und lebensfeindlichen Umgebungen durchlaufen. Ziel ist es sicherlich nicht, in solche Zeiten zurück zu fallen. Wo wollen wir also tatsächlich hin? Da gibt es beispielsweise folgende Anhaltspunkte:

- den Status von heute erhalten
- auf den Status von vor 50 Jahren zurückkehren oder gar
- auf den Status von vor 100 Jahren zurücksetzen?

Die Entscheidung muss getroffen werden, ob es sich um eine bloße Korrektur der Nebenwirkungen der Industrialisierung handeln soll. Wäre das die Zielsetzung, dann wäre der Stand von vor ca. 1750 n. Chr. relevant (damals war es allerdings recht kalt: Nachlauf der letzten kleinen Eiszeit).

In diesem Zusammenhang muss dann auch entschieden werden, wer die eventuellen Zielgrößen vorgibt mit welcher Autorität. Welches Erdzeitalter ist dabei die Richtschnur? Dabei gilt zu bedenken, dass die Erde auch heute – und das bereits seit vor der Industrialisierung – nicht überall habitabel ist (Wüsten, Pole). Im Zuge all dieser Überlegungen könnte es dazu kommen, dass bestimmte Länder Ansprüche auf Erweiterung ihrer jetzigen Lebensräume durch Einsatz von CE- Maßnahmen erheben. Oder soll gar im Zuge von Geoengineering der gesamte globalen Lebensraums auf der Erde optimiert werden?

8 Ethik

Zusammenfassung

Unabhängig von all den technischen Erörterungen bisher bleibt ein letztes Dilemma: Wenn wir das alles können – dürfen wir das überhaupt? Dahinter können sich grundsätzliche Erwägungen verbergen.

Unabhängig von all den technischen Erörterungen bisher bleibt ein letztes Dilemma:

Wenn wir das alles können – dürfen wir das überhaupt? Dahinter können sich grundsätzliche Erwägungen verbergen:

- Wiegen wir wirtschaftlichen Nutzen gegen geschenkte Schöpfung auf?
- Haben wir auf unseren Garten nicht Acht gegeben?
- Wollen wir Gott spielen?

Trotz aller statistischer Aussagen bzgl. kosmologischer Abschätzungen über die Anzahl möglicher Lebensräume im All gilt:

- Die Erde ist ein einmaliger Planet an einsamer Stelle im Universum.
- Die Möglichkeit unseres Lebens bedurfte einer einzigartigen Feinabstimmung.
- Wir haben eine einmalige, einzigartige Verantwortung, diese prekäre, sich in einem labilen Gleichgewicht befindliche Lebenssphäre zu erhalten.

Das sollten wir – als Vernunft begabte Wesen – als Auftrag begreifen.

W. Osterhage, *Eingriffe in das Klimasystem*,
https://doi.org/10.1007/978-3-662-73011-9_8

9 Schluss

Abgesehen von einer Grundhaltung des Nichtagierens stellt sich ein möglicher Beitrag des Geoengineering im Rahmen der aktuellen Klimadiskussion folgendermaßen dar: Ist es eine echte Alternative zu den bereits angestoßenen Maßnahmen zur Reduzierung von Treibhausgasen oder kann es einen flankierenden Beitrag leisten, oder sollte man es besser lassen?

Vor diesem Hintergrund wurde zunächst die geschichtliche Entwicklung direkten menschlichen Eingreifens in das Klimageschehen vorgestellt bis in die heutige Zeit. Das führte zu zwei grundsätzlich verschiedenen Handlungsansätzen:

- CDR (Carbon Dioxide Removal) – die Entfernung von CO_2 aus der Atmosphäre
- RM (Radiation Management) – die Beeinflussung der Sonneneinstrahlung auf die bzw. deren Reflexion von der Erde mit den Komponenten
  - SRM (Solar Radiation Management)
  - TRM (Thermal Radiation Management).

Für all diese Maßnahmen, die im Einzelnen erläutert wurden, fehlt ein verbindlicher Rechtsrahmen und sind die Kosten weitgehen unbekannt. Erste Gegnerschaften in Deutschland und auch in anderen Ländern beginnen sich zu formieren.

Abgesehen von einigen abenteuerlich anmutenden Vorschlägen unter SRM (Spiegel im Weltraum, Schirme im Erdorbit etc.), kann festgehalten werden:

Geoengineering-Ansätze existieren heute in der Theorie. Es gibt allerdings noch keine praktischen Erfahrungen. Diese könnten durch geeignete Testsysteme gesammelt werden. Allerdings gilt es dabei zu bedenken, dass bereits Testsysteme zu irreversiblen globalen Folgen führen können. Die Fachwelt erwartet bei allen diskutierten Ansätzen erhebliche, z. Zt. nicht kalkulierbare Nebenwirkungen und Risiken für das planetare Ökosystem. Wenn aber Reduzierungen nicht ausreichen,

W. Osterhage, *Eingriffe in das Klimasystem*,
https://doi.org/10.1007/978-3-662-73011-9_9

könnte dann Geoengineering mit Risikoabwägungen die letzte Rettung sein? Wäre sozusagen Geoengineering im stand-by-Modus denkbar? Würde die Zeit ausreichen, um wirksam zu werden?

Die Entscheidung zwischen möglichen Geoengineering-Folgen oder Nichtstun erfordert eine hohe politische Verantwortung für die weitere globale Entwicklung.

Referenzen

1. K. Kelly, Out of Control, Basic Books, New York, 1994
2. W. Osterhage, Eine Rundreise durch die Physik, Springer, Heidelberg, 2024
3. https://www.umweltbundesamt.de/themen/klima-energie/klimafolgen-anpassung/folgen-des-klimawandels/klimamodelle-szenarien
4. G. Klepper et al., Herausforderung Climate Engineering – Bewertung neuer Optionen für den Klimaschutz, Kiel, Institut für Weltwirtschaft, Nr. 8 Juni 2016
5. José Luis Rodríguez Gallego, Carbon capture and storage: how to remove all CO_2 emissions everywhere all at once, Catedrático, Instituto de Recursos Naturales y Ordenación del Territorio (INDUROT), Universidad de Oviedo, 2025
6. Planungsamt der Bundeswehr (Hrsg.), Future Topic Geoengineering, 2012
7. https://www.umweltbundesamt.de/themen/klima-energie/klimafolgen-anpassung/folgen-des-klimawandels/klimamodelle-szenarien
8. S. Schäfer et al. (Hrsg.), The European Transdisciplinary Assessment of Climate Engineering, EuTRACE, 2015
9. https://www.boell.de/de/geoengineering
10. https://www.klimareporter.de/tag/geoengineering
11. https://www.klimafakten.de/klimawissen/fakt-ist/fakt-ist-geo-engineering-ist-keine-alternative-zu-emissionsminderungen-es-ist
12. https://www.mpg.de/16569676/geoengineering
13. https://www.dwd.de/DE/service/lexikon/Functions/glossar.html?lv3=102520&lv2=102248

Literatur

Rickels, W. et al., Gezielte Eingriffe in das Klima? Eine Bestandsaufnahme der Debatte zum Climate Engineering, Sondierungsstudie für das Bundesministerium für Bildung und Forschung, 2011

Renn, O. et al., Climate Engineering: Risikowahrnehmung, gesellschaftliche Risikodiskurse und Optionen der Öffentlichkeitsbeteiligung, Studie für das Bundesministerium für Bildung und Forschung, 2011

J. Heintzenberg, Climate Engineering: Chancen und Risiken einer Beeinflussung der Erderwärmung – naturwissenschaftliche und technische Aspekte, Studie beauftragt vom Bundesministerium für Bildung und Forschung, 2011

W. Osterhage, Energie ist nicht erneuerbar, Springer Spektrum, Wiesbaden, 2014

G. Klepper et al., Herausforderung Climate Engineering – Bewertung neuer Optionen für den Klimaschutz, Kiel, Institut für Weltwirtschaft, Nr. 8 Juni 2016

W. Osterhage, *Eingriffe in das Klimasystem*,
https://doi.org/10.1007/978-3-662-73011-9

Rickels, W.; Klepper, G.; Dovern, J.; Betz, G.; Brachatzek, N.; Cacean, S.; Güssow, K.; Heintzenberg J.; Hiller, S.; Hoose, C.; Leisner, T.; Oschlies, A.; Platt, U.; Proelß, A.; Renn, O.; Schäfer, S.; Zürn M. (2011): Gezielte Eingriffe in das Klima? Eine Bestandsaufnahme der Debatte zu Climate Engineering. Sondierungsstudie für das Bundesministerium für Bildung und Forschung.

Stichwortverzeichnis

W. Osterhage, *Eingriffe in das Klimasystem*,
https://doi.org/10.1007/978-3-662-73011-9